测绘科技专著出版基金资助

# 工业测量拟合

## Industrial Surveying Fitting

王解先　季凯敏　著

测绘出版社

·北京·

## 内 容 简 介

本书作者通过大量的工业测量实践，总结出了一些规律，从线性代数和解析几何的角度，论述了工业测量拟合方法。全书共分7章，第1章归纳总结了学习本书所需的线性代数基础知识；第2章简要讲述了测量平差基础理论；第3章讲述了设备表面点坐标的获取方法，不同测站观测数据的精确归算，全站仪精确观测数据的三维平差；第4章讲述了直线和平面拟合，包括平面和空间直线，长方形和长方体；第5章讲述了平面二次曲线拟合，包括对圆、椭圆等各种二次曲线的拟合方法；第6章讲述了二次曲面拟合，包括对球、椭球等各种特殊二次曲面的拟合；第7章以隧道盾构施工中的测量数据处理为例讲述本书模型的实际应用。

阅读本书需要较好的数学和测绘基础知识。本书适用于大地测量学与测绘工程专业的研究生和从事工业测量数据处理者阅读。

**图书在版编目(CIP)数据**

工业测量拟合/王解先，季凯敏著. —北京：测绘出版社，2008.12

ISBN 978-7-5030-1893-0

Ⅰ. 工…　Ⅱ. ①王…②季…　Ⅲ. 工业仪表—工程测量—拟合　Ⅳ. TH7

中国版本图书馆 CIP 数据核字(2008)第187657号

责任编辑　田　力　　　封面设计　李　伟

出版发行　测绘出版社

社　　址　北京西城区复外三里河路50号　　邮政编码　100045

电　　话　010－68512386　68531609　　网　　址　www.sinomaps.com

印　　刷　北京市通州次渠印刷厂　　经　　销　新华书店

成品规格　169mm×239mm　　印　　张　8.5

字　　数　200千字

版　　次　2008年12月第1版　　印　　次　2008年12月第1次印刷

印　　数　0001－2000　　定　　价　24.00元

书　　号　ISBN 978-7-5030-1893-0

如有印装质量问题，请与我社发行部联系

# 前　言

一些大型工业设备经过一段时间的使用，可能产生变形，因此需要对其表面点进行测量，计算其变形量，然后进行校正。还有一些设备需要通过测量表面点来确定其数学特征。在数据处理过程中，我们发现，针对一些特殊的项目，可以采取一些特殊的方法来实现，而目前对此类问题缺乏系统性的解决方法。

在数学描述中，线和面通常表示在正放的坐标系中，而且不顾及误差，从而可以用相对简单通用的函数表示。实际测量时，测量坐标系只能以水准面为基准。如一个椭球状设备，在空间其3个主轴的方向是任意的，只能通过对其表面离散点三维坐标的测量，在带有误差的情况下，求出椭球的3个主轴的指向和大小。本书通过大量的工业测量实践，总结出了一些规律，从线形代数和解析几何的角度，论述了工业测量拟合方法。

本书第1章归纳总结了学习本书所需的线性代数基础知识，介绍了利用雅可比数值方法处理矩阵的理论；第2章简要讲述了测量平差基础理论，主要包括了间接平差的数据处理流程，法方程求逆的方法等；第3章讲述了设备表面点坐标的获取方法，不同测站观测数据的精确归算，以及利用全站仪精确观测数据，将平面与高程一起计算的整体三维平差方法；第4章讲述了直线和平面拟合，包括平面和空间直线，长方形和长方体；第5章讲述了平面二次曲线拟合，包括圆、椭圆等各种二次曲线的拟合方法，总结了一般二次曲线拟合的多种模型和加条件式的方法；第6章讲述了二次曲面拟合，包括对球、椭球等各种特殊二次曲面的拟合，总结了一般二次曲面拟合的不同模型，根据特定的曲面条件拟合特定曲面的方法；第7章以隧道盾构施工中的测量数据处理为例讲述本书模型的实际应用，包括了盾构姿态的控制、管片选型的流程以及隧道断面检测的方法。

书中的拟合方法从线形代数和解析几何的角度出发，具有独特性，书中讲述的三维平差方法和不同测站坐标归算方法也具有独特性。有些文献提到过线和面的测量拟合方法，但未见到过同类书籍。

阅读本书需要较好的数学和测绘基础知识，适用于大地测量学与测绘工程专业的研究生和从事工业测量数据处理者阅读。

本书的出版得到测绘科技专著出版基金资助，测绘出版社为本书的编辑出版做了大量工作，在此深表感谢。

作　者

2008年6月

# 目　录

# Contents

# 第1章　线性代数基础

## §1.1　矩阵的特征根

### 1.1.1 矩阵与行列式

$m \times n$ 个数 $a_{ij}$（$i=1,2,\cdots,m$；$j=1,2,\cdots,n$）按确定的位置排成的矩形阵列，称为 $m \times n$ 阶矩阵，记作

$$\mathbf{A}=\begin{pmatrix} a_{11} & a_{12} & \cdots & a_{1n} \\ a_{21} & a_{22} & \cdots & a_{2n} \\ \vdots & \vdots & & \vdots \\ a_{m1} & a_{m2} & \cdots & a_{mn} \end{pmatrix} \tag{1-1}$$

式中，$a_{ij}$ 称为矩阵 $\mathbf{A}$ 的第 $i$ 行 $j$ 列的元素，矩阵 $\mathbf{A}$ 也表示成 $\underset{m\times n}{\mathbf{A}}$，也可记作 $(a_{ij})$ 或 $(a_{ij})_{m\times n}$。

$n \times n$ 阶矩阵称为方阵，$a_{11}, a_{22}, \cdots, a_{nn}$ 为矩阵 $\mathbf{A}$ 的主对角元。

零矩阵：所有元素均为零的矩阵。

对角矩阵：非对角元均为零的方阵。

单位矩阵：对角元均为1，非对角元均为零的方阵，一般记作 $\boldsymbol{I}$ 或 $\boldsymbol{E}$。

矢量组线性相关：对于 $n$ 维空间的一组矢量 $\boldsymbol{x}_1, \boldsymbol{x}_2, \cdots, \boldsymbol{x}_n$，若存在一组不全为零的数 $k_i$（$i=1,2,\cdots,n$），使

$$k_1\boldsymbol{x}_1 + k_2\boldsymbol{x}_2 + \cdots + k_n\boldsymbol{x}_n = 0 \tag{1-2}$$

成立，则称这组矢量线性相关，否则称这组矢量线性无关。

①矢量组 $\boldsymbol{x}_1, \boldsymbol{x}_2, \cdots, \boldsymbol{x}_n$ 线性相关充要条件是，至少其中一个矢量可用其他矢量线性组合来表示。

②包含零矢量的矢量组一定线性相关。

③矢量组中若有两个矢量相等，则矢量组一定线性相关。

④若矢量组线性相关，则增加若干个矢量仍然线性相关。若矢量组线性无关，则减去若干个矢量仍然线性无关。

⑤若矢量组线性无关，增加一个矢量后线性相关，则增加的矢量可表示为矢量组的线性组合。

矩阵任一行元素构成的 $n$ 维矢量称为行矢量

$$\boldsymbol{a}^i = (a_{i1} \quad a_{i2} \quad \cdots \quad a_{in})(i=1,2,\cdots,m) \tag{1-3}$$

矩阵任一列元素构成的 $m$ 维矢量称为列矢量

$$\boldsymbol{a}_j = \begin{bmatrix} a_{1j} \\ a_{2j} \\ \vdots \\ a_{mj} \end{bmatrix} = (a_{1j} \quad a_{2j} \quad \cdots \quad a_{mj})^{\mathrm{T}} \ (j = 1,2,\cdots,n) \tag{1-4}$$

矩阵的秩：若矩阵 $\boldsymbol{A}$ 的 $n$ 个列矢量中有 $r$ 个线性无关，而所有大于 $r$ 的列矢量组都线性相关，则称矩阵 $\boldsymbol{A}$ 的列秩为 $r$，矩阵的行秩与列秩一定相等。

$n$ 阶行列式：$n$ 阶方阵 $\boldsymbol{A}$ 的行列式记作 $|\boldsymbol{A}|$、$\det\boldsymbol{A}$ 或 $\det(a_{ij})$

$$|\boldsymbol{A}| = \begin{vmatrix} a_{11} & a_{12} & \cdots & a_{1n} \\ a_{21} & a_{22} & \cdots & a_{2n} \\ \vdots & \vdots & & \vdots \\ a_{n1} & a_{n2} & \cdots & a_{nn} \end{vmatrix} = \sum (-1)^k a_{1k_1} a_{2k_2} \cdots a_{nk_n} \tag{1-5}$$

式中，$k_1, k_2, \cdots, k_n$ 是将序列 $1,2,\cdots,n$ 的元素次序交换 $k$ 次所得到的一个序列，$\sum$ 表示对 $k_1, k_2, \cdots, k_n$ 取遍 $1,2,\cdots,n$ 的一切排列求和。

矩阵相等：若两个 $m \times n$ 的矩阵 $\boldsymbol{A}$ 和 $\boldsymbol{B}$ 的每个对应元素相等，则 $\boldsymbol{A} = \boldsymbol{B}$。

矩阵相加：两个 $m \times n$ 的矩阵 $\boldsymbol{A}$ 和 $\boldsymbol{B}$ 相加为 $\boldsymbol{C} = \boldsymbol{A} + \boldsymbol{B}$，则对应元素 $c_{ij} = a_{ij} + b_{ij}$，维数不同的矩阵不能相加。

矩阵数乘：一个数 $k$ 与矩阵 $\boldsymbol{A}$ 相乘，即 $\boldsymbol{A}$ 中每个元素与 $k$ 相乘。

设 $\boldsymbol{A}$、$\boldsymbol{B}$、$\boldsymbol{C}$、0（所有元素均为零的矩阵）均为 $m \times n$ 阶矩阵，$k$、$l$ 为数，则矩阵有下列线性运算：

① $\boldsymbol{A} + \boldsymbol{B} = \boldsymbol{B} + \boldsymbol{A}$；

② $(\boldsymbol{A} + \boldsymbol{B}) + \boldsymbol{C} = \boldsymbol{A} + (\boldsymbol{B} + \boldsymbol{C})$；

③ $\boldsymbol{A} + 0 = \boldsymbol{A}$；

④ $\boldsymbol{A} + (-\boldsymbol{A}) = 0$；

⑤ $1\boldsymbol{A} = \boldsymbol{A}$；

⑥ $k(l\boldsymbol{A}) = (kl)\boldsymbol{A}$；

⑦ $(k + l)\boldsymbol{A} = k\boldsymbol{A} + l\boldsymbol{A}$；

⑧ $k(\boldsymbol{A} + \boldsymbol{B}) = k\boldsymbol{A} + k\boldsymbol{B}$；

⑨ $\boldsymbol{A} - \boldsymbol{B} = \boldsymbol{A} + (-\boldsymbol{B})$。

矩阵乘积：设 $\boldsymbol{A} = (a_{ij})_{m\times s}$、$\boldsymbol{B} = (b_{ij})_{s\times n}$，则矩阵 $\boldsymbol{A}$ 与 $\boldsymbol{B}$ 的乘积 $\boldsymbol{C} = \boldsymbol{AB} = (c_{ij})_{m\times n}$，$c_{ij} = \sum_1^s a_{ik} b_{kj}$，且仅当 $\boldsymbol{A}$ 的列数与 $\boldsymbol{B}$ 的行数相同时，才能相乘。

设 $k$ 为一个数，矩阵 $\boldsymbol{A}$、$\boldsymbol{B}$、$\boldsymbol{C}$ 使以下各式能相乘，则

① $(\boldsymbol{AB})\boldsymbol{C} = \boldsymbol{A}(\boldsymbol{BC})$；

② $\boldsymbol{A}(\boldsymbol{B} + \boldsymbol{C}) = \boldsymbol{AB} + \boldsymbol{AC}$；

③ $(k\boldsymbol{A})\boldsymbol{B} = k(\boldsymbol{AB}) = \boldsymbol{A}(k\boldsymbol{B})$ 。

对于方阵 $\boldsymbol{A}$，有 $\boldsymbol{A}^1 = \boldsymbol{A}$、$\boldsymbol{A}^2 = \boldsymbol{AA}$、$\boldsymbol{A}^k = \boldsymbol{A}^{k-1}\boldsymbol{A}$，但 $(\boldsymbol{AB})^k \neq \boldsymbol{A}^k\boldsymbol{B}^k$、$(\boldsymbol{A}+\boldsymbol{B})^2 \neq \boldsymbol{A}^2 + 2\boldsymbol{AB} + \boldsymbol{B}^2$ 。

**矩阵转置**：把一个 $m\times n$ 的矩阵 $\boldsymbol{A} = (a_{ij})$ 的行依次改为列，所得到的 $n\times m$ 的矩阵称为矩阵 $\boldsymbol{A}$ 的转置，记为 $\boldsymbol{A}^{\mathrm{T}}$，矩阵转置有以下性质：

① $(\boldsymbol{A}^{\mathrm{T}})^{\mathrm{T}} = \boldsymbol{A}$ ；

② $(\boldsymbol{A}+\boldsymbol{B})^{\mathrm{T}} = \boldsymbol{A}^{\mathrm{T}} + \boldsymbol{B}^{\mathrm{T}}$ ；

③ $(k\boldsymbol{A})^{\mathrm{T}} = k\boldsymbol{A}^{\mathrm{T}}$ ；

④ $(\boldsymbol{AB})^{\mathrm{T}} = \boldsymbol{B}^{\mathrm{T}}\boldsymbol{A}^{\mathrm{T}}$ 。

**对称矩阵**：若 $n$ 阶方阵 $\boldsymbol{A}$ 的元素满足 $\boldsymbol{A}^{\mathrm{T}} = \boldsymbol{A}$，即 $a_{ij} = a_{ji}$，则 $\boldsymbol{A}$ 为对称矩阵。

**矩阵的导数**：对矩阵求导，得

$$\frac{\mathrm{d}\boldsymbol{A}}{\mathrm{d}t} = \begin{pmatrix} \frac{\mathrm{d}a_{11}}{\mathrm{d}t} & \frac{\mathrm{d}a_{12}}{\mathrm{d}t} & \cdots & \frac{\mathrm{d}a_{1n}}{\mathrm{d}t} \\ \frac{\mathrm{d}a_{21}}{\mathrm{d}t} & \frac{\mathrm{d}a_{22}}{\mathrm{d}t} & \cdots & \frac{\mathrm{d}a_{2n}}{\mathrm{d}t} \\ \vdots & \vdots & & \vdots \\ \frac{\mathrm{d}a_{m1}}{\mathrm{d}t} & \frac{\mathrm{d}a_{m2}}{\mathrm{d}t} & \cdots & \frac{\mathrm{d}a_{mn}}{\mathrm{d}t} \end{pmatrix} \tag{1-6}$$

**矩阵的积分**：对矩阵积分，得

$$\int \boldsymbol{A}\mathrm{d}t = \begin{pmatrix} \int a_{11}\mathrm{d}t & \int a_{12}\mathrm{d}t & \cdots & \int a_{1n}\mathrm{d}t \\ \int a_{21}\mathrm{d}t & \int a_{22}\mathrm{d}t & \cdots & \int a_{2n}\mathrm{d}t \\ \vdots & \vdots & & \vdots \\ \int a_{m1}\mathrm{d}t & \int a_{m2}\mathrm{d}t & \cdots & \int a_{mn}\mathrm{d}t \end{pmatrix} \tag{1-7}$$

**矢量对矢量的导数**：矢量 $\boldsymbol{a} = (a_1\ a_2\ \cdots\ a_m)^{\mathrm{T}}$ 对矢量 $\boldsymbol{b} = (b_1\ b_2\ \cdots\ b_n)^{\mathrm{T}}$ 的导数为

$$\frac{\mathrm{d}\boldsymbol{a}}{\mathrm{d}\boldsymbol{b}} = \begin{pmatrix} \frac{\mathrm{d}a_1}{\mathrm{d}b_1} & \frac{\mathrm{d}a_1}{\mathrm{d}b_2} & \cdots & \frac{\mathrm{d}a_1}{\mathrm{d}b_n} \\ \frac{\mathrm{d}a_2}{\mathrm{d}b_1} & \frac{\mathrm{d}a_2}{\mathrm{d}b_2} & \cdots & \frac{\mathrm{d}a_2}{\mathrm{d}b_n} \\ \vdots & \vdots & & \vdots \\ \frac{\mathrm{d}a_m}{\mathrm{d}b_1} & \frac{\mathrm{d}a_m}{\mathrm{d}b_2} & \cdots & \frac{\mathrm{d}a_m}{\mathrm{d}b_n} \end{pmatrix} \tag{1-8}$$

**矩阵分块**：将矩阵 $\boldsymbol{A}$ 的元素分成小块（子阵 $\boldsymbol{B}_{11}$、$\boldsymbol{B}_{12}$、$\boldsymbol{B}_{21}$、$\boldsymbol{B}_{22}$），则有

$$\boldsymbol{A}=\begin{bmatrix} a_{11} & a_{12} & \cdots & a_{12} \\ a_{21} & a_{22} & \cdots & a_{23} \\ \vdots & \vdots & & \vdots \\ a_{31} & a_{32} & \cdots & a_{33} \end{bmatrix}=\begin{bmatrix} B_{11} & \cdots & B_{12} \\ \vdots & & \vdots \\ B_{21} & \cdots & B_{22} \end{bmatrix} \tag{1-9}$$

式中

$$\boldsymbol{B}_{11}=\begin{bmatrix} a_{11} & a_{12} \\ a_{21} & a_{22} \end{bmatrix};$$

$$\boldsymbol{B}_{12}=\begin{bmatrix} a_{12} \\ a_{23} \end{bmatrix};$$

$$\boldsymbol{B}_{21}=(a_{31} \quad a_{32});$$

$$\boldsymbol{B}_{21}=(a_{33})。$$

矩阵求逆:对 $n$ 阶方阵 $\boldsymbol{A}$,若存在 $n$ 阶方阵 $\boldsymbol{B}$,满足 $\boldsymbol{AB}=\boldsymbol{BA}=\boldsymbol{I}$,则 $\boldsymbol{A}$ 是可逆矩阵(非奇异矩阵,满秩矩阵),$\boldsymbol{B}=\boldsymbol{A}^{-1}$,$\boldsymbol{A}$ 是可逆矩阵的充要条件是 $|\boldsymbol{A}|\neq 0$。

可逆矩阵 $\boldsymbol{A}$、$\boldsymbol{B}$ 的性质:

① $(\boldsymbol{AB})^{-1}=\boldsymbol{B}^{-1}\boldsymbol{A}^{-1}$;

② $\det \boldsymbol{A}\neq 0$;

③ $\det \boldsymbol{A}^{-1}=(\det \boldsymbol{A})^{-1}$,$(\boldsymbol{A}^{-1})^{-1}=\boldsymbol{A}$,$(a\boldsymbol{A})^{-1}=\frac{1}{a}\boldsymbol{A}^{-1}(a\neq 0)$,$(\boldsymbol{A}^{\mathrm{T}})^{-1}=(\boldsymbol{A}^{-1})^{\mathrm{T}}$。

正交矩阵:满足 $\boldsymbol{A}^{\mathrm{T}}=\boldsymbol{A}^{-1}$ 的方阵。

若 $\boldsymbol{A}=(a_{ij})$和 $\boldsymbol{B}$ 都是正交矩阵,则

① $\boldsymbol{A}^{-1}$、$\boldsymbol{AB}$ 仍然是正交矩阵;

② $\det\boldsymbol{A}=\pm 1$;

③ $\sum_k a_{ik}a_{jk}=\begin{cases}1 & (i=j)\\ 0 & (i\neq j)\end{cases}$,$\sum_k a_{ki}a_{kj}=\begin{cases}1 & (i=j)\\ 0 & (i\neq j)\end{cases}$。

### 1.1.2 矩阵的特征根

对 $n$ 阶方阵

$$\boldsymbol{A}=\begin{bmatrix} a_{11} & a_{12} & \cdots & a_{1n} \\ a_{21} & a_{22} & \cdots & a_{2n} \\ \vdots & \vdots & & \vdots \\ a_{n1} & a_{n2} & \cdots & a_{nn} \end{bmatrix} \tag{1-10}$$

和 $n$ 维非零列矢量

$$\boldsymbol{a}=(a_1 \quad a_2 \quad \cdots \quad a_n)^{\mathrm{T}} \tag{1-11}$$

如果有一个数 $\lambda$,使得

$$\boldsymbol{A}\lambda = \lambda \boldsymbol{a}$$

则称 $\lambda$ 为矩阵 $\boldsymbol{A}$ 的特征根(特征值),$\boldsymbol{a}$ 为矩阵 $\boldsymbol{A}$ 的特征值 $\lambda$ 所对应的特征矢量。

$\boldsymbol{A}$ 的特征矩阵定义为

$$\boldsymbol{A}-\lambda\boldsymbol{I}=\begin{pmatrix} a_{11}-\lambda & a_{12} & \cdots & a_{1n} \\ a_{21} & a_{22}-\lambda & \cdots & a_{2n} \\ \vdots & \vdots & & \vdots \\ a_{n1} & a_{n2} & \cdots & a_{nn}-\lambda \end{pmatrix} \tag{1-12}$$

$\boldsymbol{A}$ 的特征多项式定义为

$$\varphi(\lambda)=|\boldsymbol{A}-\lambda\boldsymbol{I}| \tag{1-13}$$

方程 $\varphi(\lambda)=0$ 为矩阵 $\boldsymbol{A}$ 的特征方程。

矩阵的迹:$n$ 阶方阵 $\boldsymbol{A}$ 主对角元之和

$$tr(\boldsymbol{A})=\sum_1^n a_{ii} \tag{1-14}$$

特征方程 $\varphi(\lambda)=0$ 的 $n$ 个根 $\lambda_1,\lambda_2,\cdots,\lambda_n$ 就是矩阵 $\boldsymbol{A}$ 的 $n$ 个特征值,集合 $\{\lambda_1,\lambda_2,\cdots,\lambda_n\}$ 为矩阵 $\boldsymbol{A}$ 的谱,记作矩阵 $\mathrm{ch}\boldsymbol{A}$ 。

线性方程组 $(\boldsymbol{A}-\lambda_i\boldsymbol{I})\boldsymbol{a}=0$ 的非零解 $\boldsymbol{a}$ 是矩阵 $\boldsymbol{A}$ 的特征值 $\lambda_i$ 对应的特征矢量。

特征值和特征矢量的性质:

①若 $\lambda_1,\lambda_2,\cdots,\lambda_n$ 是矩阵 $\boldsymbol{A}$ 的 $n$ 个特征值,则 $\boldsymbol{A}^k$ 的特征值为 $\lambda_1^k,\lambda_2^k,\cdots,\lambda_n^k$ ($k$ 为整数);$\boldsymbol{A}^{-1}$ 的特征值为 $\lambda_1^{-1},\lambda_2^{-1},\cdots,\lambda_n^{-1}$。

② $n$ 阶矩阵 $\boldsymbol{A}$ 的特征值之和等于其迹,特征值之积等于其行列式

$$\lambda_1+\lambda_2+\cdots+\lambda_n=\mathrm{tr}(\boldsymbol{A})$$

$$\lambda_1\lambda_2\cdots\lambda_n=|\boldsymbol{A}|$$

因此矩阵 $\boldsymbol{A}$ 可逆的充要条件是 $\boldsymbol{A}$ 的特征值全不为零。

③若 $\lambda_i$ 是特征方程的 $k$ 重根,则对应于 $\lambda_i$ 的线性无关特征矢量的个数不大于 $k$ 。若 $\lambda_i$ 是特征方程的单根,则对应于 $\lambda_i$ 的线性无关特征矢量只有一个。

④对应于不同特征值的特征矢量线性无关。

⑤实对称矩阵的特征值都是实数,并且有 $n$ 个线性无关(且正交)的特征矢量。

⑥ $\boldsymbol{A}^{\mathrm{T}}$ 与 $\boldsymbol{A}$ 的特征值相同。

### 1.1.3 代数方程的根

矩阵的特征根满足特征多项式等于零。特征多项式展开后,形式为

$$f(\lambda)=\lambda^n+a_1\lambda^{n-1}+\cdots+a_n \tag{1-15}$$

特征根满足

$$\lambda^n+a_1\lambda^{n-1}+\cdots+a_n=0 \tag{1-16}$$

①二次方程 $\lambda^2+p\lambda+q=0$ 的根

$$\lambda_{1,2}=-\frac{p}{2}\pm\sqrt{\left(\frac{q}{2}\right)^2-q} \tag{1-17}$$

②三次方程 $\lambda^3+b\lambda^2+c\lambda+d=0$ 的根,令 $\lambda=x-\frac{b}{3}$ ,方程变为

$$y^3+py+q=0 \tag{1-18}$$

由卡尔丹公式,实根为

$$y_1=\left[-\frac{q}{2}+\sqrt{\left(\frac{q}{2}\right)^2+\left(\frac{p}{3}\right)^3}\right]^{\frac{1}{3}}+\left[-\frac{q}{2}-\sqrt{\left(\frac{q}{2}\right)^2+\left(\frac{p}{3}\right)^3}\right]^{\frac{1}{3}} \tag{1-19}$$

③四次方程 $\lambda^4+b\lambda^3+c\lambda^2+d\lambda+e=0$ 的根

其根与下面两个二次方程的根相同

$$\begin{cases}\lambda^2+(b+\sqrt{8y+b^2-4c})\dfrac{\lambda}{2}+\left(y+\dfrac{by-d}{\sqrt{8y+b^2-4c}}\right)=0\\ \lambda^2+(b-\sqrt{8y+b^2-4c})\dfrac{\lambda}{2}+\left(y-\dfrac{by-d}{\sqrt{8y+b^2-4c}}\right)=0\end{cases} \tag{1-20}$$

式中,$y$ 是 $8y^3-4cy^2+(2bd-8e)y+e(4c-b^2)-d^2=0$ 的实根。

阿贝尔定理证明五次及以上方程没有代数解。五次以上方程可以采用数值法求解和降阶,最常用的是二分法:

先找到 $a$ 和 $b$,满足 $f(a)f(b)<0$,取中点$\frac{a+b}{2}$。若 $f\left(\frac{a+b}{2}\right)=0$,则根为 $\lambda=\frac{a+b}{2}$;若 $f(a)f\left(\frac{a+b}{2}\right)<0$,则取 $a=a,b=\frac{a+b}{2}$;若 $f\left(\frac{a+b}{2}\right)f(b)<0$,则取 $a=\frac{a+b}{2},b=b$。重复以上过程,直至 $|a-b|<\varepsilon$,根为 $\lambda=\frac{a+b}{2}$。

# §1.2 雅可比数值方法求特征值

## 1.2.1 雅可比(Jacobi)数值方法求特征值的方法

设 $n$ 阶实对称矩阵 $\boldsymbol{A}$ 的特征值是 $\lambda_1,\lambda_2,\cdots,\lambda_n$ ,则必存在一正交矩阵 $\boldsymbol{R}$ ,使得

$$\boldsymbol{R}^{\mathrm{T}}\boldsymbol{A}\boldsymbol{R}=\begin{bmatrix}\lambda_1 & & & \\ & \lambda_2 & & \\ & & \ddots & \\ & & & \lambda_n\end{bmatrix} \tag{1-21}$$

正交阵 $\boldsymbol{R}$ 可以用一系列旋转矩阵的积来逼近

$$\boldsymbol{R}=\prod\boldsymbol{U}_{pq} \tag{1-22}$$

在矩阵 $\boldsymbol{A}$ 中的非对角元中，对处于位置 $(p,q)(p \neq q)$ 的元素

$$\frac{1}{\tan(2\theta)} = \frac{a_{qq} - a_{pp}}{2a_{pq}} = \zeta$$

$$T = \begin{cases} \dfrac{1}{\zeta + \sqrt{1+\zeta^2}}, & \zeta \geqslant 0, \\ \dfrac{1}{\zeta - \sqrt{1+\zeta^2}}, & \zeta < 0, \end{cases}$$

$$\cos\theta = \frac{1}{\sqrt{1+T^2}}$$

$$\sin\theta = \frac{T}{\sqrt{1+T^2}}$$

定义旋转矩阵

$$\boldsymbol{U}_{pq} = \begin{pmatrix} 1 & & & & & & & \\ & \ddots & & & & & & \\ & & 1 & & & & & \\ & & & \cos\theta & & \sin\theta & & \\ & & & & \ddots & & & \\ & & & -\sin\theta & & \cos\theta & & \\ & & & & & & 1 & \\ & & & & & & & \ddots \end{pmatrix} \begin{matrix} \\ \\ \\ (p) \\ \\ (q) \\ \\ \\ \end{matrix} \tag{1-23}$$

$\boldsymbol{U}_{pq}{}^{\mathrm{T}}\boldsymbol{A}\boldsymbol{U}_{pq}$ 就可把 $(p,q)$ 位置上的元素消去，而使对角元数值增大。

雅可比数值方法迭代步骤：

在第 $k$ 次计算时，在矩阵 $\boldsymbol{A}^{(k)}$ 的非对角元中找出最大的一个，若处于 $p$ 行 $q$ 列，则

$$\boldsymbol{U}^{(k)} = \begin{pmatrix} 1 & & & & & & & \\ & \ddots & & & & & & \\ & & 1 & & & & & \\ & & & \cos\theta^{(k)} & & \sin\theta^{(k)} & & \\ & & & & \ddots & & & \\ & & & -\sin\theta^{(k)} & & \cos\theta^{(k)} & & \\ & & & & & & 1 & \\ & & & & & & & \ddots \end{pmatrix} \begin{matrix} \\ \\ \\ (p) \\ \\ (q) \\ \\ \\ \end{matrix}$$

$$\boldsymbol{A}^{(k+1)} = (\boldsymbol{U}^{(k)})^{\mathrm{T}}\boldsymbol{A}^{(k)}\boldsymbol{U}^{(k)}$$

$$\boldsymbol{R}^{(k+1)} = \boldsymbol{R}^{(k)}\boldsymbol{U}^{(k)}$$

$$\boldsymbol{R}^{(0)} = \boldsymbol{I}$$

若计算至 $m$ 次时，非对角元中最大的元素 $|a_{pq}| < \varepsilon$，这时

$$\boldsymbol{R} \approx \boldsymbol{R}^{(m)}$$

$$\lambda_i \approx \boldsymbol{A}^{(m+1)}(i,i)$$

$$\boldsymbol{\Lambda} = \begin{pmatrix} \lambda_1 & & & \\ & \lambda_2 & & \\ & & \ddots & \\ & & & \lambda_n \end{pmatrix} = \boldsymbol{R}^{\mathrm{T}}\boldsymbol{A}\boldsymbol{R}$$

正交矩阵 $\boldsymbol{R}$ 的 $i$ 列就是特征值 $\lambda_i$ 对应的特征矢量，交换 $\boldsymbol{R}$ 的列，可以使得特征值 $\boldsymbol{\Lambda}$ 元素按特征值大小排列。

### 1.2.2 矩阵数值法求逆

矩阵求逆有多种方法，本节介绍雅可比数值求逆方法，它对于性能不好的矩阵求逆有好处，而本书后面部分涉及的求逆矩阵往往性能不好。

对 $n$ 阶实对称矩阵 $\boldsymbol{A}$，采用雅可比数值法可求得正交矩阵 $\boldsymbol{R}$ 和特征值 $\boldsymbol{\Lambda}$，并调整 $\boldsymbol{R}$ 的列使得 $\boldsymbol{\Lambda}$ 按绝对值从大至小排列。

①若不存在零特征值，则有

$$\boldsymbol{R}^{\mathrm{T}}\boldsymbol{A}\boldsymbol{R} = \boldsymbol{\Lambda}$$

$$\boldsymbol{A} = \boldsymbol{R}\boldsymbol{\Lambda}\boldsymbol{R}^{\mathrm{T}}$$

$$\boldsymbol{A}^{-1} = \boldsymbol{R}\boldsymbol{\Lambda}^{-1}\boldsymbol{R}^{\mathrm{T}}$$

②若有 $m$ 个零特征值，则说明矩阵 $\boldsymbol{A}$ 的秩为 $n-m$，其秩亏数为 $m$。在 $\boldsymbol{A}$ 中全组合取出 $n-m$ 阶子阵 $\boldsymbol{A}'$，求其相应的正交矩阵 $\boldsymbol{R}'$ 和特征值 $\boldsymbol{\Lambda}'$，直至找到 $\boldsymbol{\Lambda}'$ 中不含零特征值。这时

$$\boldsymbol{A}'^{-1} = \boldsymbol{R}'\boldsymbol{\Lambda}'^{-1}\boldsymbol{R}'^{\mathrm{T}} \tag{1-24}$$

### 1.2.3 算例

对于矩阵，$\boldsymbol{A} = \begin{pmatrix} 8 & 2 & -4 \\ 2 & 1 & -6 \\ -4 & -6 & 7 \end{pmatrix}$

按以上方法，求得特征向量矩阵为

$$\boldsymbol{R} = \begin{pmatrix} 0.801\,967\,324\,609\,297 & 0.043\,378\,598\,571\,724\,4 & -0.595\,790\,825\,244\,028 \\ -0.350\,145\,189\,010\,854 & 0.842\,200\,747\,134\,64 & -0.409\,995\,424\,533\,503 \\ 0.483\,990\,451\,219\,401 & 0.537\,416\,224\,831\,189 & 0.690\,606\,287\,559\,441 \end{pmatrix}$$

特征值为

$$\boldsymbol{\Lambda} = \boldsymbol{R}^{\mathrm{T}}\boldsymbol{A}\boldsymbol{R} = \begin{pmatrix} 4.712\,768 & 0 & 0 \\ 0 & -2.725\,644 & 0 \\ 0 & 0 & 14.012\,875 \end{pmatrix}$$

如果将特征根从大到小排列,则

$$\boldsymbol{\Lambda}=\begin{bmatrix}14.012\,875 & 0 & 0\\ 0 & 4.712\,768 & 0\\ 0 & 0 & -2.725\,644\end{bmatrix}$$

相应的特征向量矩阵变为

$$\boldsymbol{R}=\begin{bmatrix}-0.595\,790\,825\,244\,028 & 0.801\,967\,324\,609\,297 & 0.043\,378\,598\,571\,724\,4\\ -0.409\,995\,424\,533\,503 & -0.350\,145\,189\,010\,854 & 0.842\,200\,747\,134\,64\\ 0.690\,606\,287\,559\,441 & 0.483\,990\,451\,219\,401 & 0.537\,416\,224\,831\,189\end{bmatrix}$$

# 第2章　测量平差基础

## §2.1　测量误差

### 2.1.1 误差来源

所有测量均包含误差,误差来源有:

1. 仪器误差

测量仪器不管精度有多高,总存在误差,如全站仪在同样条件下观测多次,得到的结果不可能完全相同。

2. 环境误差

外界观测条件的变化引起的测量误差是不可避免的,如大气温度气压湿度变化引起测距成常数变化,太阳光照引起脚架转动,大气折光变化,仪器下沉等产生的误差。

3. 人员误差

测量人员生理上的最小分辨力、感觉器官的生理变化、反应速度和固有习惯引起的误差。如瞄准误差、棱镜安置误差、视差、估读误差和读数误差等。

### 2.1.2 误差分类

1. 粗差

大量级的观测误差,由测量中的失误造成,如读数错误、记录错误、目标错误、仪器故障等。测量成果中不允许存在粗差,好在通常测量数据存在大量的多余观测,在数据处理时,可采用对残差的检查来发现和剔除。

2. 系统误差

在一定的观测条件下,进行观测时,按一定规律变化的误差称为系统误差。如全站仪加常数或乘常数设置不准确、棱镜不匹配等对观测结果产生的误差。系统误差对测量成果具有积累作用,因此测量时应避免系统误差的存在。可以通过改进观测手段,查明产生原因加改正的方法来避免系统误差,难以避免的也可以在数据处理中当作参数一并求解。

3. 偶然误差

在一定的观测条件下,进行观测时,如果误差呈偶然性出现,即误差的符号和大小变化没有规律性,但统计分析的结果却具有一定的统计规律性,这样的误差称为偶然误差。如照准目标偏离中心、估读等产生的误差。

### 2.1.3 偶然误差特性

就单个偶然误差而言，其数值在大小和符号上均是偶然的、随机的、无规律的，但就大量偶然误差而言，具有一定的统计规律：

①有限性：在有限次观测中，偶然误差应小于限值。

②渐降性：误差小的出现的概率大。

③对称性：绝对值相等的正负误差概率相等。

④抵偿性：当观测次数无限增大时，偶然误差的平均数趋近于零。

测量平差实际上就是处理偶然误差，一是通过观测数据求待定量的最佳估值，二是评定成果质量。本书后面部分将偶然误差简称为误差。

根据高斯的推证，偶然误差 $\Delta$ 是服从均值为零的正态分布的随机变量，其分布密度函数为

$$f(\Delta)=\frac{1}{\sqrt{2\pi}\sigma}e^{\frac{-\Delta^2}{2\sigma^2}} \tag{2-1}$$

式中，$\sigma^2$ 在统计中称为方差，$\sigma$ 称为标准差。

显然有

①$\int_{-\infty}^{\infty}f(\Delta)\mathrm{d}\Delta=1$，即所有的偶然误差必是从 $-\infty$ 到 $\infty$。

②$\int_{-\sigma}^{\sigma}f(\Delta)\mathrm{d}\Delta=68.3\%$，即从 $-\sigma$ 到 $\sigma$ 的偶然误差出现的概率为 68.3%。

③$\int_{-2\sigma}^{2\sigma}f(\Delta)\mathrm{d}\Delta=95.5\%$，即从 $-2\sigma$ 到 $2\sigma$ 的偶然误差出现的概率为 95.5%。

④$\int_{-3\sigma}^{3\sigma}f(\Delta)\mathrm{d}\Delta=99.7\%$，即从 $-3\sigma$ 到 $3\sigma$ 的偶然误差出现的概率为 99.7%。

由于观测次数不能无穷多，因此通常认为偶然误差不能大于 $3\sigma$（或 $2\sigma$），大于 $3\sigma$（或 $2\sigma$）的偶然误差通常被认为是粗差，应剔除。

标准差的计算公式

$$\sigma=\pm\sqrt{\lim_{n\to\infty}\frac{\sum_1^n\Delta\Delta}{n}} \tag{2-2}$$

对于有限多次观测，标准差的估值 $\hat{\sigma}$

$$\hat{\sigma}=\pm\sqrt{\frac{\sum_1^n\Delta_i\Delta_i}{n}} \tag{2-3}$$

在测绘界，通常将 $\hat{\sigma}$ 称为中误差，以 $m$ 表示。

### 2.1.4 误差传播

以 $\widetilde{X}$ 表示某量的真值，$l_i(i=1,2,\cdots,n)$ 表示对该量的 $n$ 次观测值，则误差为

$$\Delta_i = \widetilde{X} - l_i \tag{2-4}$$

但一般情况下，真值未知，将观测值的算术平均值作为真值的估值

$$\overline{X} = \frac{1}{n}\sum_1^n l_i \tag{2-5}$$

而将 $V_i = \overline{X} - l_i$ 称为观测值的改正数。

中误差的计算公式为

$$m = \pm\sqrt{\frac{1}{n-1}\sum_1^n (\overline{X} - l_i)^2} = \pm\sqrt{\frac{\sum_1^n V_i V_i}{n-1}} \tag{2-6}$$

式(2-6)表示的是本次观测的中误差，若以观测值中任意一个值来表示真值的估值，则其中误差都是 $m$ 。

一般情况下，我们需要的量不能直接测定，它是直接测定量的函数。若共有 $n$ 个独立观测量 $y_1, y_2, \cdots, y_n$ ，要求的量 $z$ 是它们的函数 $z = f(y_1, y_2, \cdots, y_n)$ ，每个独立观测量的微分对 $z$ 的微分贡献为

$$\mathrm{d}z = \frac{\partial f}{\partial y_1}\mathrm{d}y_1 + \frac{\partial f}{\partial y_2}\mathrm{d}y_2 + \cdots + \frac{\partial f}{\partial y_n}\mathrm{d}y_n \tag{2-7}$$

设每个独立观测量的中误差为 $m_1, m_2, \cdots, m_n$ ，则 $z$ 的中误差 $m_z$ 为

$$m_z^2 = \left(\frac{\partial f}{\partial y_1}\right)^2 m_1^2 + \left(\frac{\partial f}{\partial y_2}\right)^2 m_2^2 + \cdots + \left(\frac{\partial f}{\partial y_n}\right)^2 m_n^2 \tag{2-8}$$

式(2-8)称为误差传播定律。

因此若以式(2-5)的 $\overline{X}$ 来表示真值 $\widetilde{X}$ 的估值，则其中误差 $m_{\bar{x}}$ 为

$$m_{\bar{x}}^2 = \left(\frac{\partial \overline{X}}{\partial l_1}\right)^2 m_{l_1}^2 + \left(\frac{\partial \overline{X}}{\partial l_2}\right)^2 m_{l_2}^2 + \cdots + \left(\frac{\partial \overline{X}}{\partial l_n}\right)^2 m_{l_n}^2 \tag{2-9}$$

式(2-9)中的偏导数均为 $\frac{1}{n}$ ，每个观测量的中误差均为 $m$ ，故

$$m_{\bar{x}}^2 = \frac{1}{n}m^2 \tag{2-10}$$

将式(2-6)代入上式，得到用均值表示真值估值的中误差为

$$m_{\bar{x}} = \pm\sqrt{\frac{1}{n(n-1)}\sum_1^n (\overline{X} - l_i)^2} \tag{2-11}$$

如要测量一个长方形的面积，我们只能先测量其长 $a$ 和宽 $b$，然后计算面积 $A = ab$。设对长 $a$ 测量了 $n_1$ 次，测得值为 $a_i(i=1,2,\cdots,n_1)$；对宽 $b$ 测量了 $n_2$ 次，测得值为 $b_i(i=1,2,\cdots,n_2)$。按式(2-5)和式(2-6)可分别计算出长宽的估值和中误差 $\bar{a}$、$m_a$、$\bar{b}$、$m_b$。

面积的估值为

$$\bar{A} = \bar{a}\,\bar{b}$$

长宽的微分 d$a$、d$b$ 对面积微分 d$A$ 的贡献为

$$\mathrm{d}A = a\mathrm{d}b + b\mathrm{d}a$$

面积的中误差 $m_A$ 为

$$m_A^2 = \bar{a}^2 m_b^2 + \bar{b}^2 m_a^2$$

# §2.2　最小二乘平差

## 2.2.1 概述

如图 2-1 所示，有一空间直线形设备，要确定其变形程度，我们在直线上测定了 $n$ 个点的坐标 $(x_i \quad y_i \quad h_i)(i = 1,2,\cdots,n)$。只要能按合理的规则确定出一条直线方程，每个观测点至直线的距离就是变形量。

两个点就能唯一确定一条直线，在测定的 $n$ 个点中任取两个就能确定直线方程，所有其他测定点与该直线的距离就代表变形量。但显然该直线不是最合理的，求出的变形量偏大，纠正变形的工作量也偏大。

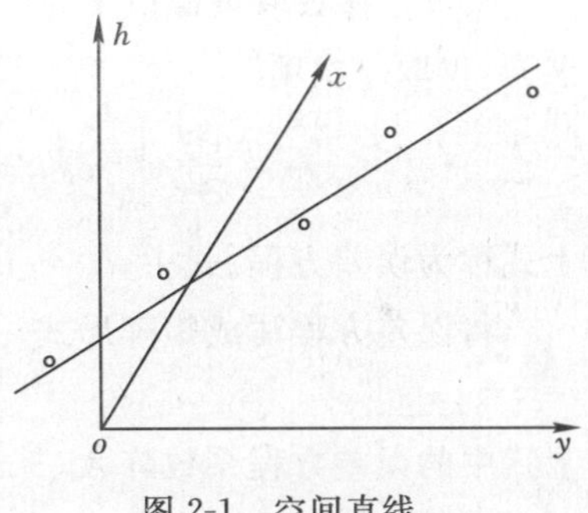

图 2-1　空间直线

以 $v_i$ 表示各点至直线的距离改正数，可以有多种方法来比较合理地确定直线，如使得定出的直线满足 $\sum_1^n v_i = 0$ 或 $\sum_1^n |v_i| = \min$ 等。测绘工作中，通常用 $\sum_1^n v_i^2 = \min$ 来确定，使得定出的直线满足每点至直线距离的平方和为最小。

如果这些测定点的中误差不相等，合理的做法是定义权

$$p_i = \frac{\sigma_0^2}{m_i^2} \tag{2-12}$$

式中，$\sigma_0$ 称为先验单位权中误差，是与测定点无关的常数；$m_i$ 为 $i$ 点的中误差，显然中误差越大，权越小。以 $\sum_1^n v_i^2 = \min$ 为条件来确定直线时，权小的点起的作用也应该小，因此条件改为 $\sum_1^n p_i v_i^2 = \min$，写成矩阵形式

$$\boldsymbol{V}^{\mathrm{T}}\boldsymbol{P}\boldsymbol{V} = \min \tag{2-13}$$

式中

$$\boldsymbol{V}=\begin{pmatrix} v_1 \\ v_2 \\ \vdots \\ v_n \end{pmatrix},\ \boldsymbol{P}=\begin{pmatrix} p_1 & & & \\ & p_2 & & \\ & & \ddots & \\ & & & p_n \end{pmatrix} \tag{2-14}$$

按式(2-13)确定出的直线被认为是最合理的直线,具体计算将在第 4 章中详述。

按最小二乘法处理误差求取参数的方法称为最小二乘平差。

### 2.2.2 最小二乘间接平差基本流程

以 $\rho_i(i=1,2,\cdots,m)$ 表示 $m$ 个观测量,其相应的权为 $p_i$,以 $x_i(i=1,2,\cdots,n)$ 表示 $n(n\leqslant m)$ 个待定量(参数、未知数),第 $i$ 个观测量与未知数之间的关系表示为

$$\rho_i+v_i=f_i(x_1,x_2,\cdots,x_n) \tag{2-15}$$

式中,$v_i$ 为观测量的改正数。

对 $n$ 个参数取近似值 $\boldsymbol{X}^0=(x_1^0\quad x_2^0\quad\cdots\quad x_n^0)^{\mathrm{T}}$,将式(2-15)在近似值处级数展开,仅取一次项

$$v_i=\left.\frac{\partial f_i}{\partial x_1}\right|_{\boldsymbol{X}^0}\delta x_1+\left.\frac{\partial f_i}{\partial x_2}\right|_{\boldsymbol{X}^0}\delta x_2+\cdots+\left.\frac{\partial f_i}{\partial x_n}\right|_{\boldsymbol{X}^0}\delta x_n-l_i \tag{2-16}$$

上式称为误差方程。式中,$l_i=-f(x_1^0,x_2^0,\cdots,x_n^0)+\rho_i$。

将误差方程写成矩阵形式

$$\boldsymbol{V}=\boldsymbol{A}\boldsymbol{\delta X}-\boldsymbol{L} \tag{2-17}$$

上式中的误差方程系数阵 $\boldsymbol{A}$、未知数改正数 $\boldsymbol{\delta X}$、误差方程常数项 $\boldsymbol{L}$ 为

$$\underset{m\times n}{\boldsymbol{A}}=\begin{pmatrix} \left.\frac{\partial f_1}{\partial x_1}\right|_{\boldsymbol{X}^0} & \left.\frac{\partial f_1}{\partial x_2}\right|_{\boldsymbol{X}^0} & \cdots & \left.\frac{\partial f_1}{\partial x_n}\right|_{\boldsymbol{X}^0} \\ \left.\frac{\partial f_2}{\partial x_1}\right|_{\boldsymbol{X}^0} & \left.\frac{\partial f_2}{\partial x_2}\right|_{\boldsymbol{X}^0} & \cdots & \left.\frac{\partial f_2}{\partial x_n}\right|_{\boldsymbol{X}^0} \\ \vdots & \vdots & & \vdots \\ \left.\frac{\partial f_m}{\partial x_1}\right|_{\boldsymbol{X}^0} & \left.\frac{\partial f_m}{\partial x_2}\right|_{\boldsymbol{X}^0} & \cdots & \left.\frac{\partial f_m}{\partial x_n}\right|_{\boldsymbol{X}^0} \end{pmatrix}$$

$$\boldsymbol{\delta X}=(\delta x_1\quad \delta x_2\quad \cdots\quad \delta x_n)^{\mathrm{T}}$$

$$\boldsymbol{L}=(l_1\quad l_2\quad \cdots\quad l_n)^{\mathrm{T}}$$

在 $\boldsymbol{V}^{\mathrm{T}}\boldsymbol{PV}=\min$ 的条件下,求解式(2-17)。

由 $\dfrac{\partial(\boldsymbol{V}^{\mathrm{T}}\boldsymbol{PV})}{\partial\boldsymbol{\delta X}}=0$,得

$$2\boldsymbol{V}^{\mathrm{T}}\boldsymbol{P}\frac{\partial\boldsymbol{V}}{\partial\boldsymbol{\delta X}}=0$$

$$\frac{\partial \boldsymbol{V}}{\partial \boldsymbol{\delta X}} = \boldsymbol{A}$$

$$\boldsymbol{V}^{\mathrm{T}}\boldsymbol{PA} = 0$$

$$\boldsymbol{A}^{\mathrm{T}}\boldsymbol{PV} = 0$$

将式(2-17)代入上式

$$\boldsymbol{A}^{\mathrm{T}}\boldsymbol{PA}\boldsymbol{\delta X} = \boldsymbol{A}^{\mathrm{T}}\boldsymbol{PL}$$

简写为

$$\boldsymbol{N}\boldsymbol{\delta X} = \boldsymbol{C} \tag{2-18}$$

上式称为法方程,法方程系数阵 $\boldsymbol{N} = \boldsymbol{A}^{\mathrm{T}}\boldsymbol{PA}$ ,法方程常数项 $\boldsymbol{C} = \boldsymbol{A}^{\mathrm{T}}\boldsymbol{PL}$ ,求解上式后,得

$$\boldsymbol{\delta X} = \boldsymbol{N}^{-1}\boldsymbol{C} \tag{2-19}$$

未知数由近似值 $\boldsymbol{X}^0$ 修正为 $\boldsymbol{X}^0 + \boldsymbol{\delta X}$,重新组成误差方程、法方程、求解 $\boldsymbol{\delta X}$ ,修正近似值,迭代至改正数 $\boldsymbol{\delta X}$ 足够小(收敛),便得到未知数的解。

验后单位权中误差 $\sigma_0$

$$\sigma_0 = \pm\sqrt{\frac{\boldsymbol{V}^{\mathrm{T}}\boldsymbol{PV}}{m-n}} \tag{2-20}$$

未知数协因数阵 $\boldsymbol{Q}$ 和方差阵 $\boldsymbol{D}$

$$\boldsymbol{Q} = \boldsymbol{N}^{-1}$$

$$\boldsymbol{D} = \sigma_0^2\boldsymbol{Q}$$

解得未知数的中误差为

$$m_i = \pm\sqrt{D(i,i)}$$

第 $i$ 与 $j$ 个未知数之间的相关性为

$$\frac{Q(i,j)}{\sqrt{Q(i,i)}\sqrt{Q(j,j)}}$$

若有 $r$ 个量 $Y = (y_1, y_2, \cdots, y_r)$ 是参数 $X$ 的函数

$$Y = g(x_1, x_2, \cdots, x_n)$$

则 $Y$ 的协因数阵为

$$\boldsymbol{Q}_{YY} = \frac{\partial Y}{\partial X}\boldsymbol{Q}\left(\frac{\partial Y}{\partial X}\right)^{\mathrm{T}} \tag{2-21}$$

$y_i$ 的中误差为

$$m_{y_i} = \sigma_0\sqrt{Q_{yy}(i,i)} \tag{2-22}$$

$y_i$ 与 $y_j$ 之间的相关性为

$$\frac{Q_{yy}(i,j)}{\sqrt{Q_{yy}(i,i)}\sqrt{Q_{yy}(j,j)}} \tag{2-23}$$

### 2.2.3 最小二乘平差迭代初值(近似值)的选取

以 $\boldsymbol{V}$ 表示观测量的改正数,$\boldsymbol{P}$ 表示观测量的权矩阵,$\boldsymbol{X}=(x_1 \quad \cdots \quad x_n)^{\mathrm{T}}$ 表示待定点坐标和其他参数,最小二乘平差就是求定一组 $\hat{\boldsymbol{X}}=(\hat{x}_1 \quad \cdots \quad \hat{x}_n)^{\mathrm{T}}$,满足 $\boldsymbol{V}^{\mathrm{T}}\boldsymbol{P}\boldsymbol{V}=\min$。而 $\boldsymbol{V}^{\mathrm{T}}\boldsymbol{P}\boldsymbol{V}=\min$ 是通过 $\dfrac{\partial \boldsymbol{V}^{\mathrm{T}}\boldsymbol{P}\boldsymbol{V}}{\partial \boldsymbol{X}}=0$ 来实现的。若平差时 $\boldsymbol{V}^{\mathrm{T}}\boldsymbol{P}\boldsymbol{V}$ 与未知数 $\boldsymbol{X}$ 的关系可用图 2-2 来示意,存在 5 个极值点,则将有 5 组 $\boldsymbol{X}$ 满足 $\dfrac{\partial \boldsymbol{V}^{\mathrm{T}}\boldsymbol{P}\boldsymbol{V}}{\partial \boldsymbol{X}}=0$,而其中只有 $\boldsymbol{X}_3$ 这组解满足 $\boldsymbol{V}^{\mathrm{T}}\boldsymbol{P}\boldsymbol{V}=\min$。对未知数近似初值 $\boldsymbol{X}^0$ 的要求就是要在迭代过程中,$\boldsymbol{X}^0$ 趋近于 $\boldsymbol{X}_3$。

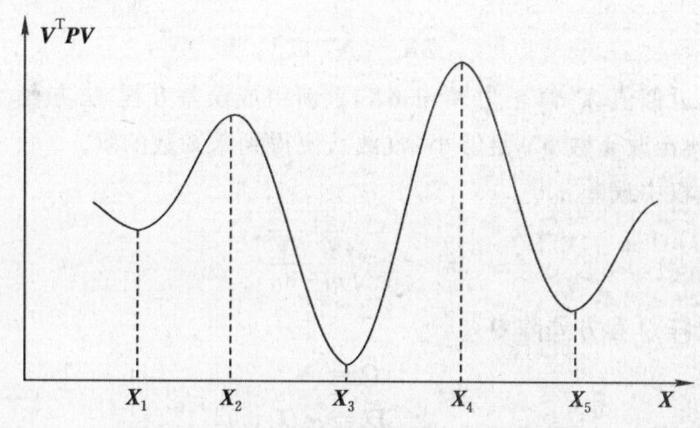


图 2-2 $\boldsymbol{V}^{\mathrm{T}}\boldsymbol{P}\boldsymbol{V}$ 与参数之间的关系示意图

图 2-2 只是一个示意图,它实际上应该是一个多维曲面,维数等于参数的个数。当平差模型为线性模型时,该多维曲面只有一个极小值,这时平差结果将与初值无关。对于距离、角度或方向观测值,平差模型是非线性的,该多维曲面将可能有多个极小值和多个极大值。准确的平差过程是先确定一组初值,迭代使 $\boldsymbol{V}^{\mathrm{T}}\boldsymbol{P}\boldsymbol{V}$ 趋近于图 2-2 中最小的极小值。若迭代使 $\boldsymbol{V}^{\mathrm{T}}\boldsymbol{P}\boldsymbol{V}$ 趋近于其他极小值,则平差出错(由初值不当引起)。若迭代使 $\boldsymbol{V}^{\mathrm{T}}\boldsymbol{P}\boldsymbol{V}$ 越来越大,则平差发散。

### 2.2.4 附有条件的间接平差

观测值与未知数之间的关系由误差方程(2-17)体现,有时未知数之间应满足某种关系

$$h(x_1, x_2, \cdots, x_n)=w \tag{2-24}$$

上式可以是方程组,对其在 $\boldsymbol{X}^0=(x_1^0 \quad x_2^0 \quad \cdots \quad x_n^0)^{\mathrm{T}}$ 处线性化,得

$$\frac{\partial h}{\partial x_1}\delta x_1+\frac{\partial h}{\partial x_2}\delta x_2+\cdots+\frac{\partial h}{\partial x_n}\delta x_n=w-h(x_1^0, x_2^0, \cdots, x_n^0)$$

简写为矩阵形式

$$\boldsymbol{G\delta X} = \boldsymbol{W} \tag{2-25}$$

问题变为在条件式(2-25)下，按 $\boldsymbol{V}^{\mathrm{T}}\boldsymbol{PV} = \min$，求解式(2-17)，组成 Lagrange 函数

$$\boldsymbol{L} = \boldsymbol{V}^{\mathrm{T}}\boldsymbol{PV} + 2\boldsymbol{K}^{\mathrm{T}}(\boldsymbol{G\delta X} - \boldsymbol{W})$$

由 $\dfrac{\partial \boldsymbol{L}}{\partial \boldsymbol{\delta X}} = 0$，得

$$2\boldsymbol{V}^{\mathrm{T}}\boldsymbol{P}\frac{\partial \boldsymbol{V}}{\partial \boldsymbol{\delta X}} + 2\boldsymbol{K}^{\mathrm{T}}\boldsymbol{G} = 0$$

$$2\boldsymbol{V}^{\mathrm{T}}\boldsymbol{PA} + 2\boldsymbol{K}^{\mathrm{T}}\boldsymbol{G} = 0$$

$$\boldsymbol{A}^{\mathrm{T}}\boldsymbol{PV} + \boldsymbol{G}^{\mathrm{T}}\boldsymbol{K} = 0$$

故

$$\boldsymbol{A}^{\mathrm{T}}\boldsymbol{PA}\delta x - \boldsymbol{A}^{\mathrm{T}}\boldsymbol{PL} + \boldsymbol{G}^{\mathrm{T}}\boldsymbol{K} = 0$$

连列式(2-25)，得法方程

$$\begin{pmatrix} \boldsymbol{A}^{\mathrm{T}}\boldsymbol{PA} & \boldsymbol{G}^{\mathrm{T}} \\ \boldsymbol{G} & 0 \end{pmatrix}\begin{pmatrix} \delta x \\ \boldsymbol{K} \end{pmatrix} = \begin{pmatrix} \boldsymbol{A}^{\mathrm{T}}\boldsymbol{PL} \\ \boldsymbol{W} \end{pmatrix} \tag{2-26}$$

验后单位权中误差 $\sigma_0$

$$\sigma_0 = \pm\sqrt{\frac{\boldsymbol{V}^{\mathrm{T}}\boldsymbol{PV}}{m-n-s}} \tag{2-27}$$

式中，$s$ 为条件方程式的个数。

### 2.2.5 条件平差

若以 $\vartheta_i$ ( $i = 1,2,\cdots,n$ )表示 $n$ 个观测值，以 $V_i$ 表示相应的改正数，它们之间满足关系

$$h(\vartheta_1 + v_1, \vartheta_2 + v_2, \cdots, \vartheta_n + v_n) = w \tag{2-28}$$

上式可以是方程组。对其线性化，得

$$\boldsymbol{AV} - \boldsymbol{W} = 0 \tag{2-29}$$

在 $\boldsymbol{V}^{\mathrm{T}}\boldsymbol{PV} = \min$($\boldsymbol{P}$ 为观测值的权矩阵)的条件下，求改正数。

组成 Lagrange 函数

$$\boldsymbol{L} = \boldsymbol{V}^{\mathrm{T}}\boldsymbol{PV} + 2\boldsymbol{K}^{\mathrm{T}}(\boldsymbol{AV} - \boldsymbol{W})$$

由 $\dfrac{\partial \boldsymbol{L}}{\partial \boldsymbol{V}} = 0$，得

$2\boldsymbol{V}^{\mathrm{T}}\boldsymbol{P} - 2\boldsymbol{K}^{\mathrm{T}}\boldsymbol{A} = 0$，即

$$\boldsymbol{V} = \boldsymbol{P}^{-1}\boldsymbol{A}^{\mathrm{T}}\boldsymbol{K} \tag{2-30}$$

将式(2-30)代入式(2-29)，得

$$\boldsymbol{AP}^{-1}\boldsymbol{A}^{\mathrm{T}}\boldsymbol{K} - \boldsymbol{W} = 0$$

$$\boldsymbol{K} = (\boldsymbol{APA}^{\mathrm{T}})^{-1}\boldsymbol{W} \tag{2-31}$$

求得 $\boldsymbol{K}$ 后，由式(2-30)，求出观测值的改正数，再由经过改正的观测值求需要确定

的量。

### 2.2.6 法方程的求解

不管是间接平差还是条件平差，都需要求解法方程式(2-19)和式(2-31)。以下式表示法方程

$$\boldsymbol{N}\delta x = \boldsymbol{C} \tag{2-32}$$

若参数中有相关的量，系数阵 $\boldsymbol{N}$ 不能直接求逆。按 §1.2 的方法，求出系数阵 $\boldsymbol{N}$ 的特征值 $\boldsymbol{\Lambda}$ 和特征向量矩阵 $\boldsymbol{R}$，有

$$\boldsymbol{R}^{\mathrm{T}}\boldsymbol{N}\boldsymbol{R} = \boldsymbol{\Lambda} \tag{2-33}$$

①若不存在零特征值

$$\boldsymbol{N} = \boldsymbol{R}\boldsymbol{\Lambda}\boldsymbol{R}^{\mathrm{T}} \tag{2-34}$$

$$\boldsymbol{N}^{-1} = \boldsymbol{R}\boldsymbol{\Lambda}^{-1}\boldsymbol{R}^{\mathrm{T}} \tag{2-35}$$

②若 $n\times n$ 阶矩阵 $\boldsymbol{N}$ 中有 $m$ 个零特征值($|\lambda| < \varepsilon$)，则说明矩阵 $\boldsymbol{N}$ 的秩为 $n-m$，其秩亏数为 $m$。在 $\boldsymbol{N}$ 中全组合取出 $n-m$ 阶子阵 $\boldsymbol{N}'$，求其相应的正交矩阵 $\boldsymbol{R}'$ 和特征值 $\boldsymbol{\Lambda}'$，直至找到 $\boldsymbol{\Lambda}'$ 中不含零特征值。即调整参数 $\delta x$ 的次序，相应调整法方程 $\boldsymbol{N}$ 的行列和 $\boldsymbol{C}$ 的次序，使得子阵 $\boldsymbol{N}'$ 处在左上角

$$\boldsymbol{N} = \begin{bmatrix} \boldsymbol{N}' & \boldsymbol{N}_2 \\ \boldsymbol{N}_2^{\mathrm{T}} & \boldsymbol{N}_3 \end{bmatrix} \tag{2-36}$$

法方程变为

$$\begin{bmatrix} \boldsymbol{N}' & \boldsymbol{N}_2 \\ \boldsymbol{N}_2^{\mathrm{T}} & \boldsymbol{N}_3 \end{bmatrix} \begin{bmatrix} \delta x_1 \\ \delta x_2 \end{bmatrix} = \begin{bmatrix} \boldsymbol{C}_1 \\ \boldsymbol{C}_2 \end{bmatrix} \tag{2-37}$$

其解为

$$\begin{cases} \delta x_1 = \boldsymbol{N}'^{-1}\boldsymbol{C} \\ \delta x_2 = 0 \end{cases} \tag{2-38}$$

式中，$\boldsymbol{N}'^{-1} = \boldsymbol{R}'\boldsymbol{\Lambda}'^{-1}\boldsymbol{R}'^{\mathrm{T}}$ 。

上式的含义是，对非独立参数，其近似值不修正，就取为组成误差方程时取的近似值。

# 第 3 章　表面点坐标获取

要确定物体表面的形状，需要观测物体表面上离散点的坐标，这些点应均匀分布，能代表物体表面。本章讲述物体表面点坐标的表示方法，即坐标系，以及常用的测定方法。

## §3.1　测量坐标系

### 3.1.1 常规测量坐标系

**1. 大地坐标系**

如图 3-1 所示，点 $P$ 为地球椭球面上一点，则其大地纬度 $B$ 为经过该点的地球椭球法线与赤道面的交角。大地经度 $L$ 为经过该点的子午面与格林尼治子午面之间的交角，向东为东经。大地高 $H$ 为点至地球椭球面的垂直距离。

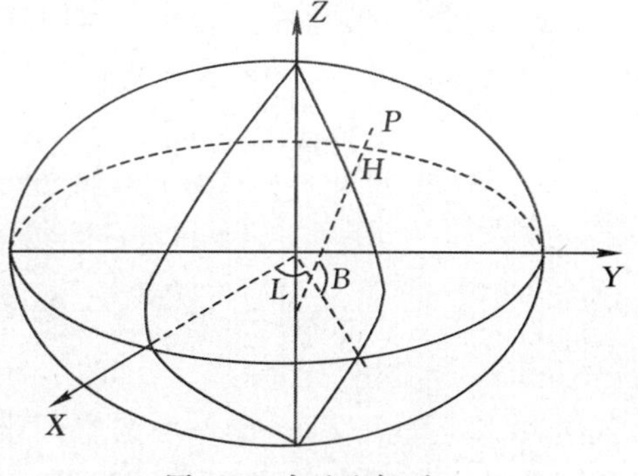

图 3-1　大地坐标系

**2. 空间直角坐标系**

原点为地心。$X$ 轴为地心至赤道面和格林尼治子午线交点方向。$Y$ 轴为处在赤道面内，与 $X$ 轴和 $Z$ 轴组成右手系。$Z$ 轴为地心至北极方向。

大地坐标与空间直角坐标的关系为

$$\begin{bmatrix} X \\ Y \\ Z \end{bmatrix} = \begin{bmatrix} (N+H)\cos B\cos L \\ (N+H)\cos B\sin L \\ [N(1-e^2)+H]\sin B \end{bmatrix} \tag{3-1}$$

$$N = \frac{a}{\sqrt{1-e^2\sin^2 B}} \tag{3-2}$$

式中，$a$、$e^2$ 为地球椭球的长半轴和第一偏心率，对于我国采用的克拉索夫斯基椭球，$a = 6\,378\,245$ m、$e^2 = 0.006\,693\,421\,622\,966$。

**3. 站心当地切面坐标系**

如图 3-2 所示，原点 $P$ 为测站或测站在地球椭球上的投影点。$N$ 轴为原点向北，处在过原点的子午面内，与子午线相切。$E$ 轴为原点向东，与过原点的纬度圈相切。$U$ 轴为原点向上，与地球椭球法线一致。

三轴正交，则形成站心当地切面坐标系。

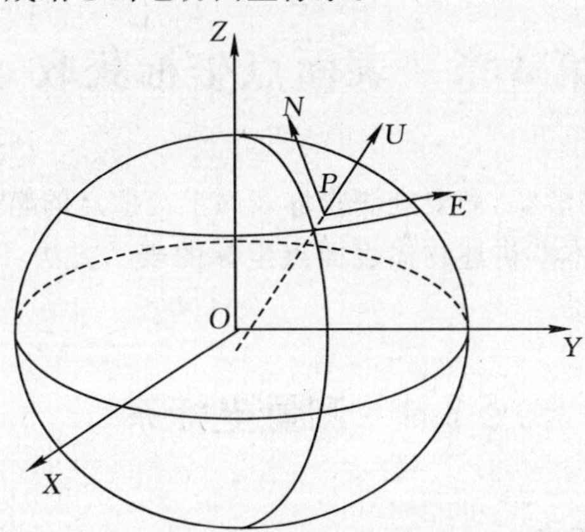


图 3-2　站心当地切面坐标系

站心当地切面坐标系坐标与空间直角坐标系坐标之间的关系为

$$\begin{bmatrix} X \\ Y \\ Z \end{bmatrix} - \begin{bmatrix} X_0 \\ Y_0 \\ Z_0 \end{bmatrix} = R_3(-L)R_2(B)\begin{bmatrix} U \\ E \\ N \end{bmatrix} \text{或}$$

$$\begin{bmatrix} N \\ E \\ U \end{bmatrix} = R_2(-B)R_3(L)\left[\begin{bmatrix} X \\ Y \\ Z \end{bmatrix} - \begin{bmatrix} X_0 \\ Y_0 \\ Z_0 \end{bmatrix}\right] \tag{3-3}$$

式中，$(X_0 \quad Y_0 \quad Z_0)^{\mathrm{T}}$ 是站心的空间坐标；$(X \quad Y \quad Z)^{\mathrm{T}}$ 是任意点的空间坐标；$B$、$L$ 为站心的经纬度，旋转矩阵为

$$R_1(\alpha) = \begin{bmatrix} 1 & 0 & 0 \\ 0 & \cos\alpha & \sin\alpha \\ 0 & -\sin\alpha & \cos\alpha \end{bmatrix}$$

$$R_2(\alpha) = \begin{bmatrix} \cos\alpha & 0 & -\sin\alpha \\ 0 & 1 & 0 \\ \sin\alpha & 0 & \cos\alpha \end{bmatrix}$$

$$R_3(\alpha) = \begin{bmatrix} \cos\alpha & \sin\alpha & 0 \\ -\sin\alpha & \cos\alpha & 0 \\ 0 & 0 & 1 \end{bmatrix}$$

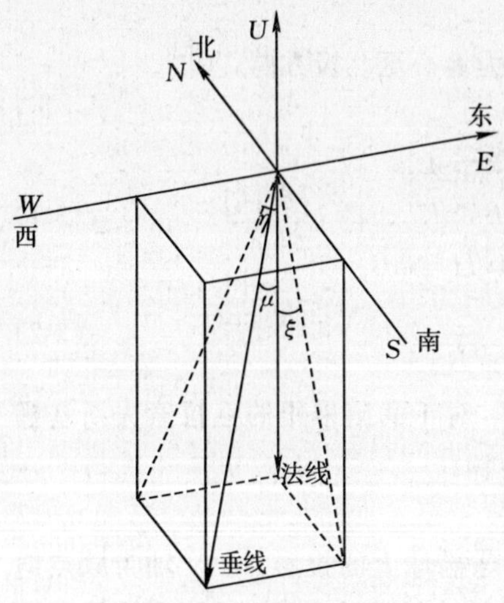


图 3-3　垂线偏差示意图

由于实际测量时，安置仪器以水准面为准，水准面法线与椭球面法线之间的差别为垂线偏差，如图 3-3 所示。

若全站仪测得坐标（以垂线为准）为

$(N' \quad E' \quad U')^{\mathrm{T}}$，垂线偏差为 $(\xi \quad \eta)^{\mathrm{T}}$，则在站心当地切面坐标系中的坐标 $(N \quad E \quad U)^{\mathrm{T}}$ 为

$$\begin{bmatrix} U \\ E \\ N \end{bmatrix} = R_2(\xi)R_3(-\eta)\begin{bmatrix} U' \\ E' \\ N' \end{bmatrix} \text{ 或 } \begin{bmatrix} N' \\ E' \\ U' \end{bmatrix} = R_1^{\mathrm{T}}(\eta)R_2^{\mathrm{T}}(\xi)\begin{bmatrix} N \\ E \\ U \end{bmatrix} \tag{3-4}$$

通常工业测量测区较小，在小范围里垂线偏差基本不会发生变化，其影响对所有站均一样，因此通常不用加以上修正。

**4. 高斯平面坐标系**

我国采用高斯投影建立国家或城市独立坐标系，高斯投影按正形投影将椭球面上的点投影至高斯平面，如图 3-4 所示，由大地经纬度计算高斯坐标，即高斯投影正算公式为

$$\begin{cases} x = X + \dfrac{N}{2}\sin B\cos Bl^2 + \dfrac{N}{24}\sin B\cos^3 B(5 - t^2 + 9\eta^2 + 4\eta^4)l^4 + \\ \qquad \dfrac{N}{720}\sin B\cos^5 B(61 - 58t^2 + t^4 + 270\eta^2 - 330\eta^2 t^2)l^6 + \cdots \\ y = N\cos Bl + \dfrac{N}{6}\cos^3 B(1 - t^2 + \eta^2)l^3 + \dfrac{N}{120}\cos^5 B(5 - 18t^2 + t^4 + \\ \qquad 14\eta^2 - 58t^2\eta^2)l^5 + \cdots \end{cases} \tag{3-5}$$

式中，$t = \tan(B)$；$l = L - L_0$；$L_0$ 为投影带中央子午线的经度；$X$ 为从子午线起算的子午线弧长。

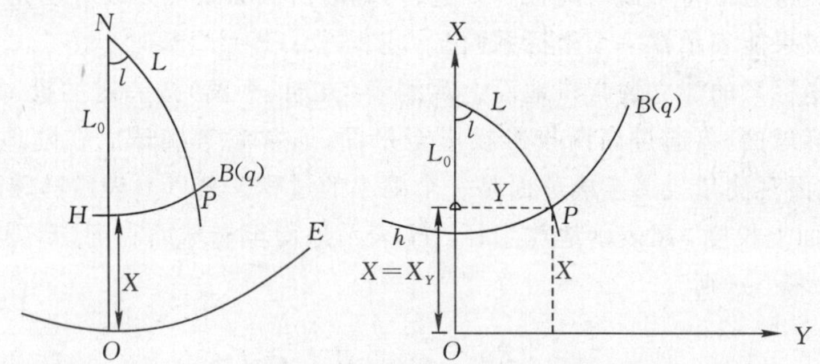


图 3-4　高斯投影正算示意图

如图 3-5 所示，由高斯坐标计算大地经纬度，即高斯投影反算公式

$$\begin{aligned} B = B_f &- \frac{1}{2N_f^2}t_f(1 + \eta_f^2)y^2 + \\ &\frac{1}{24N_f^4}t_f(5 + 3t_f^2 + 6\eta_f^2 - 6t_f^2\eta_f^2 - 3\eta_f^4 + 9t_f^4\eta_f^4)y^4 - \\ &\frac{1}{720N_f^6}t_f(61 + 90t_f^2 + 45t_f^4 + 107\eta_f^2 + 162t_f^2\eta_f^2 + 45t_f^4\eta_f^2)y^6 + \cdots \end{aligned} \tag{3-6}$$

$$l = \frac{1}{N_f \cos B_f} y - \frac{1}{6N_f^3 \cos B_f}(1 + 2t_f^2 + \eta_f^2) y^3 + \frac{1}{120N_f^5 \cos B_f}(5 + 28t_f^2 + 24t_f^4 + 6\eta_f^2 + 8\eta_f^2 t_f^2) y^5 + \cdots$$

式中，$B_f$ 是底点 $f$ 的大地纬度；$t_f = \tan^2 B_f$ 。

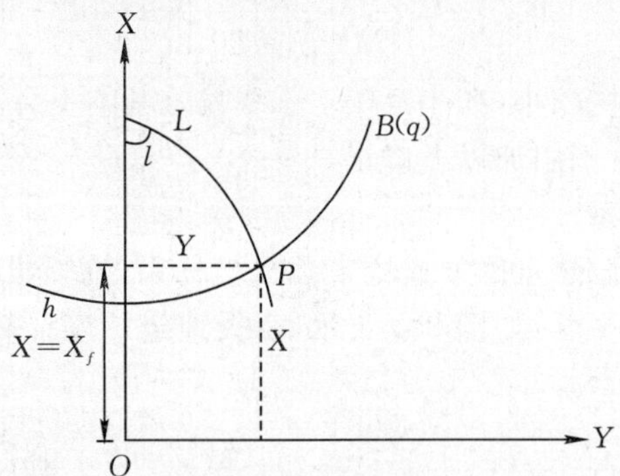


图 3-5 高斯投影反算示意图

5.高程系统

我国以地面点至似大地水准面的距离作为地面点的高程，在小地区实际测量时，以气泡居中为准，即以测站处的水准面为参考面测量高差。

### 3.1.2 我国常规测量采用的坐标系

常规测量通常将平面与高程分开进行，基准由国家或地方政府建立，使得区域内的测量成果能表示在一个坐标系内。

平面坐标系的建立通常将地面上观测量（方向、距离）按一定的投影面高程投影至参考椭球面，再通过高斯投影投影至平面，通常参考椭球面在陆地地面的下方，因此地面观测量投影至椭球面是一个缩小的过程。若以 $S$ 表示椭球面上长度，$S'$ 表示地面上长度，$R$ 表示地球半径，$H$ 表示地面至椭球面高度，$k_1$ 表示放大尺度（负表示缩小），则

$$1 + k_1 = \frac{S}{S'} = \frac{R}{R + H}$$

$$k_1 = -\frac{H}{R} \tag{3-7}$$

而高斯投影后，平面上的长度总是大于椭球面上的长度，是一个放大的过程，若以 $y$ 表示测定点与高斯投影采用中央子午线的距离，则高斯投影的放大尺度 $k_2$ 为

$$k_2 = \frac{y^2}{2R^2} \tag{3-8}$$

常规测量的高程系统通常以大地水准面（似大地水准面）为基准。平面坐标的

$x$ 轴指北、$y$ 轴指东，高程 $h$ 轴垂直于大地水准面向上。

### 3.1.3 工业测量坐标系

工业测量场地通常很小，应该避免投影带来的误差，可采用工程独立坐标系，如图 3-6 所示，将原点定义在观测区域中央或附近，$x$ 为假定北方向，$xy$ 平面与水准面平行，$h$ 为点至水准面(参考)的垂直距离(高程)，坐标系中点的坐标以 $(x,y,h)^{\mathrm{T}}$ 表示。

工业测量通常采用全站仪观测，若在测区附近架设全站仪，将测站坐标设为 $(0,0,0)^{\mathrm{T}}$，仪器高设为 $H_0$，将某方向的方位角定义为 0°。这时全站仪测得的所有点的坐标就表示在如图 3-1 所示的坐标系中。坐标系的原点 $o$ 就是全站仪中心，$x$ 轴指向方位角为 0°的方向，$y$ 轴在水平面内指向方位角为 90°的方向，$h$ 轴垂直与水准面指向上。它与测站当地切面坐标系接近。

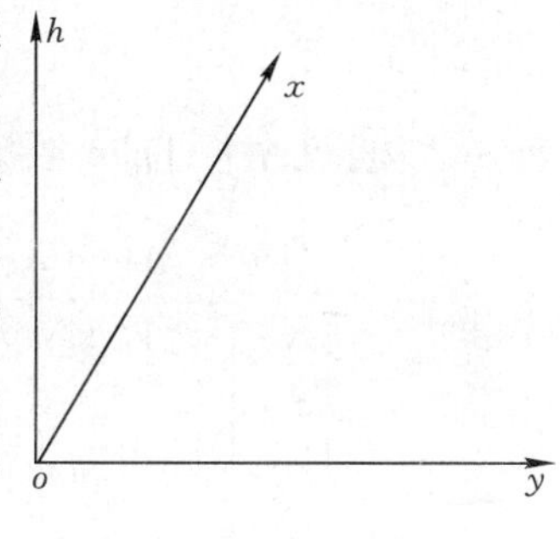

图 3-6　工程独立坐标系

若全站仪设置时，测站坐标设为 $(x_0 \quad y_0 \quad h_0)^{\mathrm{T}}$，仪器高设为 $H_0$，则相当于将坐标原点平移一个量，即沿 $x$ 轴移动 $-x_0$，沿 $y$ 轴移动 $-y_0$，沿 $h$ 轴移动 $-h_0-H_0$。若将全站仪的方位角定义为 $\alpha$，则相当将坐标系绕 $h$ 轴转过 $\alpha$。

## §3.2　坐标测量模式下的坐标归算

极坐标法、前方交会、距离交会、基线尺法通常用来测定物体表面离散点坐标，由于全站仪的普遍使用，可以容易地测定大量离散点的坐标。但通常在一个测站上不能观测到所有测定点，如测定一个圆柱体表面时，前表面挡住后表面，至少需要两个测站才能测定整个表面，通常需要先在被测物体周围选定一些点作为控制点，建立一个控制网，对控制网进行平面和高程控制测量，获得控制点的三维坐标，然后在这些控制点测定整个被测物体表面离散点坐标。而在不同测站上观测时，各测站的当地切平面坐标系不平行，若两个站离开 30 m，则其法线方向的差别可达到 1″ 左右，其影响与垂线偏差相似，而影响量级较大，对于精密测量，需要顾及其影响。

若有两个测站 1 和 2，要将测站 2 上测定的坐标归入测站 1 的站心当地切面坐标系，设测站 1 的大地坐标为 $(B_1 \quad L_1 \quad H_1)^{\mathrm{T}}$，测站 2 的大地坐标为 $(B_2 \quad L_2 \quad H_2)^{\mathrm{T}}$，在测站 2 上测定离散点时，全站仪设置的测站坐标为 $(N_{20} \quad E_{20} \quad H_{20})^{\mathrm{T}}$，测得点的坐标为 $(N_{2i} \quad E_{2i} \quad H_{2i})^{\mathrm{T}}(i=1,2,\cdots,n)$，可按下列

两种方法对测得点坐标加以换算。

### 3.2.1 计算修正量

两测站纬度差 $\Delta B = B_2 - B_1$，经度差 $\Delta L = L_2 - L_1$，测站 2 上测得坐标的修正量$(\Delta N_{2i} \quad \Delta E_{2i} \quad \Delta N_{2i})(i = 1, 2, \cdots, n)$ 为

$$\begin{bmatrix} \Delta U_{2i} \\ \Delta E_{2i} \\ \Delta N_{2i} \end{bmatrix} = R_2(\Delta B) R_3(-\Delta L) \begin{bmatrix} U_{2i} - U_{20} \\ E_{2i} - E_{20} \\ N_{2i} - N_{20} \end{bmatrix} \tag{3-9}$$

### 3.2.2 通过空间直角坐标换算

测站 2 的空间坐标 $(X_{20} \quad Y_{20} \quad Z_{20})^{\mathrm{T}}$ 为

$$\begin{bmatrix} X_{20} \\ Y_{20} \\ Z_{20} \end{bmatrix} = \begin{bmatrix} (N_2 + H)\cos B_2 \cos L_2 \\ (N_2 + H)\cos B_2 \sin L_2 \\ [N_2(1 - e^2) + H_2]\sin B_2 \end{bmatrix}, N_2 = \frac{a}{\sqrt{1 - e^2 \sin^2 B_2}} \tag{3-10}$$

测站 2 测得的各个测定点的空间坐标 $(X_i \quad Y_i \quad Z_i)^{\mathrm{T}}$ 为

$$\begin{bmatrix} X_{2i} \\ Y_{2i} \\ Z_{2i} \end{bmatrix} = \begin{bmatrix} X_{20} \\ Y_{20} \\ Z_{20} \end{bmatrix} + R_3(-L_2) R_2(B_2) \begin{bmatrix} U_{2i} - U_{20} \\ E_{2i} - E_{20} \\ N_{2i} - N_{20} \end{bmatrix} \tag{3-11}$$

测站 1 的空间坐标 $(X_{10} \quad Y_{10} \quad Z_{10})^{\mathrm{T}}$ 为

$$\begin{bmatrix} X_{10} \\ Y_{10} \\ Z_{10} \end{bmatrix} = \begin{bmatrix} (N_1 + H)\cos B_1 \cos L_1 \\ (N_1 + H)\cos B_1 \sin L_1 \\ [N_1(1 - e^2) + H_1]\sin B_1 \end{bmatrix}, N_1 = \frac{a}{\sqrt{1 - e^2 \sin^2 B_1}} \tag{3-12}$$

若在测站 1 和 2 上测定离散点时，全站仪设置的测站坐标分别为 $(N_{10} \quad E_{10} \quad U_{10})^{\mathrm{T}}$、$(N_{20} \quad E_{20} \quad U_{20})^{\mathrm{T}}$($U_{10}$、$U_{20}$ 是设置的测站高程减去设置的仪器高)，则测站 2 上测定点在测站 1 的站心当地切面坐标系中的坐标 $(N'_{2i} \quad E'_{2i} \quad H'_{2i})^{\mathrm{T}}(i = 1, 2, \cdots, n)$为

$$\begin{bmatrix} U'_{2i} \\ E'_{2i} \\ N'_{2i} \end{bmatrix} = \begin{bmatrix} -U_{10} \\ -E_{10} \\ -N_{10} \end{bmatrix} + R_2(-B_1) R_3(L_1) \begin{bmatrix} X_{2i} - X_{10} \\ Y_{2i} - Y_{10} \\ Z_{2i} - Z_{10} \end{bmatrix} \tag{3-13}$$

但在实际测量时，一般无法精确知道每个测站的经纬度，但能知道测区大概的经纬度和近似北方向。可按以下步骤计算每点的经纬度。

①选一个控制点作为计算基准点，设其经纬度和高程为 $(B_0 \quad L_0 \quad H_0)^{\mathrm{T}}$，按高斯投影正算公式计算该点的高斯坐标，设为 $(x_g \quad y_g \quad H_0)^{\mathrm{T}}$。

②根据各控制点与基准点的坐标差，求得各点的高斯坐标 $(x_{gi} \quad y_{gi} \quad H_i)^{\mathrm{T}}$，

再按高斯投影反算公式计算各点的经纬度 $(B_i \quad L_i \quad H_i)^{\mathrm{T}}$ 。

## §3.3　三维平差

对精度要求高的测量工作，不是直接测定坐标，通常要对方向值、角度、距离测多个测回，对这些多测回观测值归算后，用观测值来平差。

传统的测量平差将平面和高程分开处理，而实际上空间点位的三维坐标是相互联系相互影响的，此外，将观测值归算到投影面上，必然要引进投影变形误差。随着全站仪的日臻完善，其对垂直角观测的精度与水平角接近，但仍受到大气垂直折光的影响。下面讲述将平面与高程一起计算的三维平差方法。

### 3.3.1 获取近似值

按传统的模式，将平面和高程分开平差，求得各点平面坐标和高程后，由测区的大概经纬度定义一个点的经纬度，从而求得各点的大地坐标、空间坐标和各点在各测站站心当地切面坐标系中的坐标。这些量作为三维平差的迭代初值。

### 3.3.2 三维平差模型

所有观测量表示在以垂线和大地水准面为准的垂线站心当地切面坐标系中，在测站 $i$ 的站心当地切面坐标系中列立误差方程式。

**1. 距离观测值**

$i$ 测站上测得的 $i$ 点至任意点 $j$ 的距离可以是斜距(空间距离)也可以记录平距。

对于 $i$ 测站上测得的 $i$ 点至任意点 $j$ 的空间距离 $S_{ij}$

$$v_{S_{ij}} + S_{ij} = \sqrt{N'^2_{ij} + E'^2_{ij} + U'^2_{ij}} + a + bS_{ij}/1\,000$$

$$v_{S_{ij}} = a_{ij}\,\delta U'_{ij} + b_{ij}\,\delta E'_{ij} + c_{ij}\,\delta N'_{ij} + \delta a + S_{ij}/1\,000\delta b - l_{S_{ij}}$$

$$= (a_{ij} \quad b_{ij} \quad c_{ij}) \begin{bmatrix} \delta U'_{ij} \\ \delta E'_{ij} \\ \delta N'_{ij} \end{bmatrix} + (1 \quad S_{ij}/1\,000) \begin{pmatrix} \delta a \\ \delta b \end{pmatrix} - l_{S_{ij}} \tag{3-14}$$

式中，$(\delta U'_{ij} \quad \delta E'_{ij} \quad \delta N'_{ij})^{\mathrm{T}}$ 为 $j$ 点在 $i$ 测站当地切面坐标系中的坐标 $(U'_{ij} \quad E'_{ij} \quad N'_{ij})^{\mathrm{T}}$ 的改正数；$a$ 是测距常数误差(m)；$b$ 是测距比例误差(m/km)。

$$a_{ij} = \frac{U'^0_{ij}}{S^0_{ij}}$$

$$b_{ij} = \frac{E'^0_{ij}}{S^0_{ij}}$$

$$c_{ij}=\frac{N'^0_{ij}}{S^0_{ij}}$$

$$l_{S_{ij}}=S_{ij}-S^0_{ij}$$

$$S^0_{ij}=\sqrt{U'^{0^2}_{ij}+E'^{0^2}_{ij}+N'^{0^2}_{ij}}$$

观测量的权取为

$$p_{S_{ij}}=\frac{1}{\left(a+b\,\frac{S^0_{ij}}{1\,000}\right)^2} \tag{3-15}$$

式中，$a$、$b$ 为测距精度的加常数和乘常数，单位为 $1/\mathrm{m}^2$。

若记录的是平距，则误差方程变为

$$v_{S_{ij}}+S_{ij}=\sqrt{N'^2_{ij}+E'^2_{ij}}$$

$$v_{S_{ij}}=b_{ij}\,\delta E'_{ij}+c_{ij}\,\delta N'_{ij}-l_{S_{ij}}=(0\quad b_{ij}\quad c_{ij})\begin{pmatrix}\delta U'_{ij}\\ \delta E'_{ij}\\ \delta N'_{ij}\end{pmatrix}-l_{S_{ij}} \tag{3-16}$$

**2.方向观测值 $R_{ij}$**

对于 $i$ 测站上测得的 $i$ 点至任意点 $j$ 的方向观测值 $R_{ij}$

$$R_{ij}+\theta^0_i=\tan\frac{E'_{ij}}{N'_{ij}}+\begin{cases}0\\ \pi\\ 2\pi\end{cases}$$

$$v_{R_{ij}}=-\delta\theta_i+d_{ij}\,\delta E'_{ij}+e_{ij}\,\delta N'_{ij}-l_{R_{ij}}$$

$$=-\delta\theta_i+(0\quad d_{ij}\quad e_{ij})\begin{pmatrix}\delta U'_{ij}\\ \delta E'_{ij}\\ \delta N'_{ij}\end{pmatrix}-l_{R_{ij}} \tag{3-17}$$

式中，$\theta_i$ 为 $i$ 测站的定向角参数。

$$d_{ij}=\frac{N'^0_{ij}}{N'^{0^2}_{ij}+E'^{0^2}_{ij}}$$

$$e_{ij}=-\frac{E'^{\,0}_{ij}}{N'^{0^2}_{ij}+E'^{0^2}_{ij}}$$

$$l_{R_{ij}}=R_{ij}+\theta^0_i-\tan^{-1}\frac{E'^0_{ij}}{N'^0_{ij}}-\begin{cases}0\\ \pi\\ 2\pi\end{cases}$$

方向观测量的权取为

$$p_{R_{ij}}=\frac{1}{\sigma^2_{R_{ij}}} \tag{3-18}$$

权的单位为 $1/\text{rad}^2$。

**3. 竖直角观测值 $\alpha_{ij}$**

若 $\alpha_{ij}$ 是从测站 $i$ 到测站 $j$ 的竖直角观测值，有

$$U'_{ij} = \sqrt{E'^2_{ij} + N'^2_{ij}}\tan(\alpha_{ij} + V_{ij}) - \frac{K_{ij}}{2R}(E'^2_{ij} + N'^2_{ij}) \tag{3-19}$$

式中，$K_{ij}$ 为此方向的大气折光系数；$R$ 为测站处地球平均半径。微分得

$$\begin{aligned} V_{\alpha_{ij}} &= f_{ij}\delta U'_{ij} + g_{ij}\delta E'_{ij} + h_{ij}\delta N'_{ij} + p_{ij}\delta K_{ij} - l_{\alpha_{ij}} \\ &= (f_{ij} \quad g_{ij} \quad h_{ij})\begin{pmatrix}\delta U'_{ij}\\ \delta E'_{ij}\\ \delta N'_{ij}\end{pmatrix} + p_{ij}\delta K_{ij} - l_{\alpha_{ij}} \end{aligned} \tag{3-20}$$

其中

$$\begin{cases} f_{ij} = -\dfrac{\rho}{(1+\tan^2\alpha^0_{ij})\sqrt{E'^{0^2}_{ij} + N'^{0^2}_{ij}}} \\ g_{ij} = \dfrac{\rho E'^0_{ij}}{(1+\tan^2\alpha^0_{ij})}\left[\dfrac{U'^0_{ij} + \dfrac{K^0_{ij}}{2R}(E'^{0^2}_{ij} + N'^{0^2}_{ij})}{(E'^{0^2}_{ij} + N'^{0^2}_{ij})^{\frac{3}{2}}} - \dfrac{K^0_{ij}}{(E'^{0^2}_{ij} + N'^{0^2}_{ij})^{\frac{1}{2}}R}\right] \\ h_{ij} = \dfrac{\rho N'^0_{ij}}{(1+\tan^2\alpha^0_{ij})}\left[\dfrac{U'^0_{ij} + \dfrac{K^0_{ij}}{2R}(E'^{0^2}_{ij} + N'^{0^2}_{ij})}{(E'^{0^2}_{ij} + N'^{0^2}_{ij})^{\frac{3}{2}}} - \dfrac{K^0_{ij}}{(E'^{0^2}_{ij} + N'^{0^2}_{ij})^{\frac{1}{2}}R}\right] \\ p_{ij} = -\dfrac{\rho\sqrt{E'^{0^2}_{ij} + N'^{0^2}_{ij}}}{2R(1+\tan^2\alpha^0_{ij})} \\ \tan\alpha^0_{ij} = \dfrac{U'^0_{ij} + \dfrac{K^0_{ij}}{2R}(E'^{0^2}_{ij} + N'^{0^2}_{ij})}{\sqrt{E'^{0^2}_{ij} + N'^{0^2}_{ij}}} \\ l_{ij} = \alpha_{ij} - \tan^{-1}\left[\dfrac{U'^0_{ij} + \dfrac{K^0_{ij}}{2R}(E'^{0^2}_{ij} + N'^{0^2}_{ij})}{\sqrt{E'^{0^2}_{ij} + N'^{0^2}_{ij}}}\right] \end{cases} \tag{3-21}$$

竖直角观测量的权取为

$$p_{\alpha_{ij}} = \frac{1}{\sigma^2_{\alpha_{ij}}} \tag{3-22}$$

权的单位为 $1/\text{rad}^2$。

**4. 误差方程中的未知数**

上述 3 种观测量的误差方程包含 3 类未知数：

①定向角参数 $\delta\theta$，个数为方向测站个数。

②各点在各站垂线当地站心切面坐标系中的坐标，每个点有多套坐标，本章下面部分先将坐标归化至以法线为准的当地站心切面坐标系，再归化为空间直角坐

标系，在空间直角坐标系中，每个点只有一套坐标。

③大气折光参数，个数等于竖直角的个数，显然不能全部直接求解，本章将讨论建立大气折光参数之间的联系，以便求解。

### 3.3.3 空间直角坐标系中的误差方程

在空间直角坐标系中，每个点只有一套坐标，是唯一的，因此应将误差方程中的坐标未知数改为空间直角坐标形式。

先将以垂线为准的垂线站心坐标系坐标 $(U'_{ij} \quad E'_{ij} \quad N'_{ij})^{\mathrm{T}}$ 转为以法线为准的测站站心坐标系坐标 $(U_{ij} \quad E_{ij} \quad N_{ij})^{\mathrm{T}}$。

由式(3-4)，得

$$\begin{bmatrix} U'_{ij} \\ E'_{ij} \\ N'_{ij} \end{bmatrix} = R_3(\eta)R_2(-\xi)\begin{bmatrix} U_{ij} \\ E_{ij} \\ N_{ij} \end{bmatrix} \tag{3-23}$$

认为在参考位置 $(B_0, L_0)$ 处的垂线偏差为定值 $(\xi_0, \eta_0)$，垂线偏差呈线性变化，任意位置 $(B, L)$ 处的垂线偏差为

$$\begin{cases} \xi = \xi_0 + \dot{\xi}(B_i - B_0) \\ \eta = \eta_0 + \dot{\eta}(L_i - L_0) \end{cases} \tag{3-24}$$

式中，$(\dot{\xi} \quad \dot{\eta})$ 为待定参数。

$$\begin{aligned} \begin{bmatrix} \delta U'_{ij} \\ \delta E'_{ij} \\ \delta N'_{ij} \end{bmatrix} = {} & R_3(\eta)R_2(-\xi)\begin{bmatrix} \delta U_{ij} \\ \delta E_{ij} \\ \delta N_{ij} \end{bmatrix} + R_3(\eta)\frac{\partial R_2(-\xi)}{\partial \dot{\xi}}\begin{bmatrix} U^0_{ij} \\ E^0_{ij} \\ N^0_{ij} \end{bmatrix}\delta\dot{\xi} + \\ & \frac{\partial R_3(\eta)}{\partial \dot{\eta}}R_2(-\xi)\begin{bmatrix} U^0_{ij} \\ E^0_{ij} \\ N^0_{ij} \end{bmatrix}\delta\dot{\eta} \end{aligned} \tag{3-25}$$

式中

$$\frac{\partial R_2(-\xi)}{\partial \dot{\xi}} = \begin{bmatrix} -\sin\xi & 0 & \cos\xi \\ 0 & 0 & 0 \\ -\cos\xi & 0 & -\sin\xi \end{bmatrix}(B_i - B_0)$$

$$\frac{\partial R_3(\eta)}{\partial \dot{\eta}} = \begin{bmatrix} -\sin\eta & \cos\eta & 0 \\ -\cos\eta & -\sin\eta & 0 \\ 0 & 0 & 0 \end{bmatrix}(L_i - L_0)$$

由式(3-3)，将参数从 $(\delta U_{ij} \quad \delta E_{ij} \quad \delta N_{ij})^{\mathrm{T}}$ 变为 $(\delta X_j \quad \delta Y_j \quad \delta Z_j)^{\mathrm{T}}$

$$\begin{bmatrix} \delta U_{ij} \\ \delta E_{ij} \\ \delta N_{ij} \end{bmatrix} = R_2(-B_i)R_3(L_i)\begin{bmatrix} \delta X_j \\ \delta Y_j \\ \delta Z_j \end{bmatrix} \tag{3-26}$$

由于通常所使用的是平面坐标，若 $(x_j \quad y_j \quad h_j)^{\mathrm{T}}$ 是每个点的高斯平面坐标和高程，则 $(X_j \quad Y_j \quad Z_i)^{\mathrm{T}}$ 和 $(x_j \quad y_j \quad h_j)^{\mathrm{T}}$ 之间的关系为

$$\begin{bmatrix} \delta X_j \\ \delta Y_j \\ \delta Z_j \end{bmatrix} = \frac{\partial(X_j \quad Y_j \quad Z_j)}{\partial(x_j \quad y_j \quad h_j)} \begin{bmatrix} \delta x_j \\ \delta x_j \\ \delta h_j \end{bmatrix} \tag{3-27}$$

由于公式 $\frac{\partial(X_j \quad Y_j \quad Z_j)}{\partial(x_j \quad y_j \quad h_j)}$ 难以推导出解析公式，可以采用数值微分的方法。

定义

$$\frac{\partial(X \quad Y \quad Z)}{\partial(x \quad y \quad h)} = \begin{bmatrix} a_{11} & a_{12} & a_{13} \\ a_{21} & a_{22} & a_{23} \\ a_{31} & a_{32} & a_{33} \end{bmatrix} \tag{3-28}$$

我们熟知 $(x \quad y \quad h)^{\mathrm{T}}$ 与 $(X \quad Y \quad Z)^{\mathrm{T}}$ 的转换，如果在 $x$ 分量上加一个小量 $\delta$，转换出的空间坐标将有增量 $(\Delta X \quad \Delta Y \quad \Delta Z)^{\mathrm{T}}$，参照上式，有

$$a_{11} = \frac{\Delta X}{\delta}, a_{21} = \frac{\Delta Y}{\delta}, a_{31} = \frac{\Delta Z}{\delta} \tag{3-29}$$

分别对 $y$ 和 $h$ 分量上加一个小量 $\delta$，即可得到 $a_{12}, a_{22}, a_{32}, a_{13}, a_{23}, a_{33}$。这就是数值微分方法。

### 3.3.4 垂线偏差参数与大气折光参数

对垂线偏差参数，一般可以不解，但在山区且测区范围较大时需要解算。

在以上模型中，一个高度角就需要解一个折光参数，显然不能求解，可以按照如下几种模型来建立折光参数之间的关系：

**1. 全网折光模型假设**

假定整个网所覆盖的地区具有相同的折光系数，即

$$K_{ij} = K \tag{3-30}$$

有

$$\delta K_{ij} = \delta K$$

**2. 测站折光模型假设**

假定同一测站上的各视线都具有相同的折光系数，即

$$K_{ij} = K_i \tag{3-31}$$

有

$$\delta K_{ij} = \delta K_i$$

**3. 对向模型假设**

假定对向观测的大气折光参数相等，即

$$K_{ij} = K_{ji} \tag{3-32}$$

有

$$\delta K_{ij} = \delta K_{ji}$$

4.全网折光周期模型假设

假定各观测值中的大气折光影响为观测方向的周期函数,模型为

$$K_{ij} = k_0 + k_1 \sin A_{ij} + k_2 \cos A_{ij} + k_3 \sin 2A_{ij} + k_4 \cos 2A_{ij} \tag{3-33}$$

式中,$k_0, k_1, k_2, k_3, k_4$ 为折光参数;$A_{ij}$ 为观测方向的方位角。则 $\delta K_{ij}$ 为

$$\delta K_{ij} = (1 \quad \sin A_{ij} \quad \cos A_{ij} \quad \sin 2A_{ij} \quad \cos 2A_{ij}) \begin{bmatrix} \delta k_0 \\ \delta k_1 \\ \delta k_2 \\ \delta k_3 \\ \delta k_4 \end{bmatrix} \tag{3-34}$$

5.正弦级数模型

$$K_{ij} = k_0 + k_1 \sin A_{ij} + k_2 \sin 2A_{ij} + k_3 \sin 3A_{ij} + k_4 \sin 4A_{ij} + \cdots \tag{3-35}$$

$$\delta K_{ij} = (1 \quad \sin A_{ij} \quad \sin 2A_{ij} \quad \sin 3A_{ij} \quad \sin 4A_{ij}) \begin{bmatrix} \delta k_0 \\ \delta k_1 \\ \delta k_2 \\ \delta k_3 \\ \delta k_4 \end{bmatrix} \tag{3-36}$$

6.余弦级数模型

$$K_{ij} = k_0 + k_1 \cos A_{ij} + k_2 \cos 2A_{ij} + k_3 \cos 3A_{ij} + k_4 \cos 4A_{ij} + \cdots \tag{3-37}$$

$$\delta K_{ij} = (1 \quad \cos A_{ij} \quad \cos 2A_{ij} \quad \cos 3A_{ij} \quad \cos 4A_{ij}) \begin{bmatrix} \delta k_0 \\ \delta k_1 \\ \delta k_2 \\ \delta k_3 \\ \delta k_4 \end{bmatrix} \tag{3-38}$$

7.经纬度线形模型

$$K_{ij} = k_0 + k_1 (B_i - B_0) + k_2 (L_i - L_0) \tag{3-39}$$

$$\delta K_{ij} = [1 \quad (B_i - B_0) \quad (L_i - L_0)] \begin{bmatrix} \delta k_0 \\ \delta k_1 \\ \delta k_2 \end{bmatrix} \tag{3-40}$$

8.经纬度二次模型

$$\begin{aligned} K_{ij} = &\ k_0 + k_1 (B_i - B_0) + k_2 (L_i - L_0) + k_3 (B_i - B_0)^2 \\ &+ k_4 (B_i - B_0)(L_i - L_0) + k_5 (L_i - L_0)^2 \end{aligned} \tag{3-41}$$

$$\delta K_{ij} = [1(B_i - B_0)(L_i - L_0)(B_i - B_0)^2(B_i - B_0)(L_i - L_0)(L_i - L_0)^2]\begin{bmatrix}\delta k_0\\ \delta k_1\\ \delta k_2\\ \delta k_3\\ \delta k_4\\ \delta k_5\end{bmatrix} \tag{3-42}$$

**9.与高程有关模型**

$$K_{ij} = k_0 + k_1(h_i - h_0) \tag{3-43}$$

$$\delta K_{ij} = [1 \quad (h_i - h_0)]\begin{bmatrix}\delta k_0\\ \delta k_1\end{bmatrix} \tag{3-44}$$

**10.与经纬度高程有关模型**

$$K_{ij} = k_0 + k_1(B_i - B_0) + k_2(L_i - L_0) + k_3(h_i - h_0) \tag{3-45}$$

$$\delta K_{ij} = [1 \quad (B_i - B_0) \quad (L_i - L_0) \quad (h_i - h_0)]\begin{bmatrix}\delta k_0\\ \delta k_1\\ \delta k_2\\ \delta k_3\end{bmatrix} \tag{3-46}$$

### 3.3.5 解算

将坐标变换和垂线偏差模型代入误差方程，组成法方程求解，迭代至收敛即可。附录一为算例。

## §3.4　坐标转换

通常一个测站很难观测到整个物体表面，通常需要在几个测站上观测，这些测站的联系测量即为控制测量。经过控制测量，使这些站坐标处于一个坐标系内。

然而工业测量中，有时会受场地限制，如不通视或后视距离太短，而不能建立控制网。这时在不同站上观测的坐标，就表示在不同的坐标系内，若在不同站上观测了一些公共点，就可以将这些点的坐标归算至一个坐标系。

如图 3-7 所示，若在坐标系 $o-xyh$ 中观测了 $n_1$ 个点，在坐标系 $o'-x'y'h'$ 中观测了 $n_2$ 个点，其中有 $n$（$n \leqslant n_1$，$n \leqslant n_2$）个公共点，分别表示为 $(x_i \quad y_i \quad h_i)^{\mathrm{T}}$ 和 $(x'_i \quad y'_i \quad h'_i)^{\mathrm{T}}$ $(i = 1,2,\cdots,n)$。

公共点之间的关系表示为

$$\begin{bmatrix}x\\ y\\ h\end{bmatrix} = \begin{bmatrix}x_0\\ y_0\\ h_0\end{bmatrix} + \boldsymbol{R}_1(\alpha)\boldsymbol{R}_2(\beta)\boldsymbol{R}_3(\gamma)\begin{bmatrix}x'\\ y'\\ h'\end{bmatrix} \tag{3-47}$$

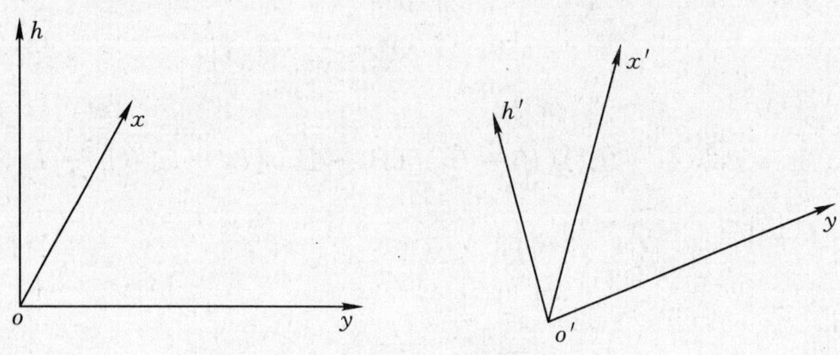


图 3-7　两个坐标系

式中，($x_0$，$y_0$，$h_0$) 为平移量；$\boldsymbol{R}_1(\alpha)$，$\boldsymbol{R}_2(\beta)$，$\boldsymbol{R}_3(\gamma)$ 为旋转矩阵。

其中

$$\boldsymbol{R}_1(\alpha)=\begin{pmatrix}1 & 0 & 0\\ 0 & \cos\alpha & -\sin\alpha\\ 0 & \sin\alpha & \cos\alpha\end{pmatrix}$$

$$\boldsymbol{R}_2(\beta)=\begin{pmatrix}\cos\beta & 0 & -\sin\beta\\ 0 & 1 & 0\\ \sin\beta & 0 & \cos\beta\end{pmatrix}$$

$$\boldsymbol{R}_3(\gamma)=\begin{pmatrix}\cos\gamma & -\sin\gamma & 0\\ \sin\gamma & \cos\gamma & 0\\ 0 & 0 & 1\end{pmatrix}$$

以上 3 个旋转矩阵是左手系，与式(3-3)和式(3-4)中的旋转矩阵有所不同。

当公共点个数 $n$ 大于 3 时，可以按最小二乘求定以上 6 个参数。对每个公共点，列出误差方程为

$$v_i=\begin{pmatrix}v_x\\ v_y\\ v_h\end{pmatrix}=\begin{pmatrix}x_0\\ y_0\\ h_0\end{pmatrix}+\boldsymbol{R}_1(\alpha)\boldsymbol{R}_2(\beta)\boldsymbol{R}_3(\gamma)\begin{pmatrix}x'_i\\ y'_i\\ h'_i\end{pmatrix}-\begin{pmatrix}x_i\\ y_i\\ h_i\end{pmatrix}\tag{3-48}$$

式中，$v=(v_x\quad v_y\quad v_h)^{\mathrm{T}}$ 为转换残差(改正数)。

对 6 个参数取近似值 $x_0^0, y_0^0, h_0^0, \alpha^0, \beta^0, \gamma^0$，对式(3-48)线性化，得

$$\begin{pmatrix}v_{xi}\\ v_{yi}\\ v_{hi}\end{pmatrix}=\frac{\partial v_i}{\partial(x_0\quad y_0\quad h_0)^{\mathrm{T}}}\begin{pmatrix}\delta x_0\\ \delta y_0\\ \delta h_0\end{pmatrix}+\left(\frac{\partial v_i}{\partial\alpha}\quad\frac{\partial v_i}{\partial\beta}\quad\frac{\partial v_i}{\partial\gamma}\right)\begin{pmatrix}\delta\alpha\\ \delta\beta\\ \delta\gamma\end{pmatrix}-l_i\tag{3-49}$$

式中，偏导数和常数项为

$$\frac{\partial v_i}{\partial(x_0\quad y_0\quad h_0)^{\mathrm{T}}}=\boldsymbol{I}$$

$$\frac{\partial v_i}{\partial \alpha}=\frac{\partial \boldsymbol{R}_1(\alpha)}{\partial \alpha}\boldsymbol{R}_2(\beta)\boldsymbol{R}_3(\gamma)\begin{bmatrix}x_i'\\y_i'\\h_i'\end{bmatrix},\quad \frac{\partial \boldsymbol{R}_1(\alpha)}{\partial \alpha}=\begin{bmatrix}0&0&0\\0&-\sin\alpha^0&-\cos\alpha^0\\0&\cos\alpha^0&-\sin\alpha^0\end{bmatrix}$$

$$\frac{\partial v_i}{\partial \beta}=\boldsymbol{R}_1(\alpha)\frac{\partial \boldsymbol{R}_2(\beta)}{\partial \beta}\boldsymbol{R}_3(\gamma)\begin{bmatrix}x_i'\\y_i'\\h_i'\end{bmatrix},\quad \frac{\partial \boldsymbol{R}_2(\beta)}{\partial \beta}=\begin{bmatrix}-\sin\beta^0&0&-\cos\beta^0\\0&0&0\\\cos\beta^0&0&-\sin\beta^0\end{bmatrix}$$

$$\frac{\partial v_i}{\partial \gamma}=\boldsymbol{R}_1(\alpha)\boldsymbol{R}_2(\beta)\frac{\partial \boldsymbol{R}_3(\gamma)}{\partial \gamma}\begin{bmatrix}x_i'\\y_i'\\h_i'\end{bmatrix},\quad \frac{\partial \boldsymbol{R}_3(\gamma)}{\partial \gamma}=\begin{bmatrix}-\sin\gamma^0&-\cos\gamma^0&0\\\cos\gamma^0&-\sin\gamma^0&0\\0&0&0\end{bmatrix}$$

$$l_i=-\begin{bmatrix}x_0^0\\y_0^0\\h_0^0\end{bmatrix}-\boldsymbol{R}_1(\alpha^0)\boldsymbol{R}_2(\beta^0)\boldsymbol{R}_3(\gamma^0)\begin{bmatrix}x_i'\\y_i'\\h_i'\end{bmatrix}+\begin{bmatrix}x_i\\y_i\\h_i\end{bmatrix}$$

# 第 4 章　直线与平面拟合

## §4.1　平面直线

### 4.1.1 平面直线的表示形式

**1. 第一种表示形式**

如图 4-1 所示，平面直线表示为

$$\begin{cases} x = x_p + at \\ y = y_p + bt \end{cases}, \sqrt{a^2 + b^2} = 1, a > 0 (若\ a = 0, 则\ b > 0) \tag{4-1}$$

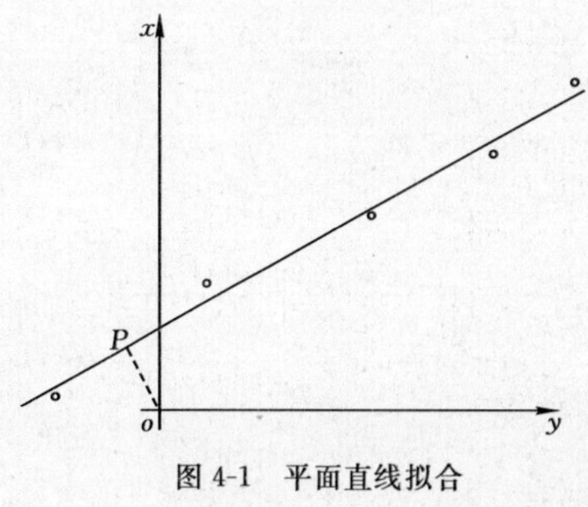


图 4-1　平面直线拟合

式中，$(x_p \quad y_p)^{\mathrm{T}}$ 为直线上离开原点最近点 $P$ 点的坐标；$t$ 为 $p$ 点至直线上任意点的距离，$(a \quad b)^{\mathrm{T}}$ 为直线的单位方向矢量。$a > 0$ 表示定义直线方向与 $x$ 轴的交角小于 90°，若直线与 $x$ 轴的交角等于 90°，则定义直线方向与 $y$ 轴的交角小于 90°，这样定义下，平面直线方程是唯一的。

**2. 第二种表示形式**

平面直线的也可以表示为

$$y = cx + d \tag{4-2}$$

式中，$c$ 为直线的斜率；$d$ 为直线与 $x$ 轴交点至原点的距离。

但若直线与 $x$ 轴垂直，式(4-2) 不成立，改用下式表示

$$x = cy + d$$

式(4-2)也可写为

$$ex + fy + h = 0$$

式中，$(e \quad f)^{\mathrm{T}}$ 为直线垂直方向的单位矢量。为了表示的唯一性，定义：$e > 0$，若 $e = 0$ 则 $f > 0$。

**3. 两种表示形式的转换**

以上两种表示形式均是唯一的，但可以互相转换。

将式(4-1)的第一式乘以 $-b$ 加第二式乘以 $a$，消去 $t$，得

$$-bx + ay = -bx_p + ay_p, y = \frac{b}{a}x_p + \frac{-bx_p + ay_p}{a}, 即$$

$$c = \frac{b}{a}, d = \frac{-bx_p + ay_p}{a} \tag{4-3}$$

由式(4-2)，直线的方向矢量为 $(1 \quad -c)^T$，故

$$\begin{cases} a = \dfrac{1}{\sqrt{1+cc}} \\ b = \dfrac{-c}{\sqrt{1+cc}} \end{cases}$$

经过原点与 $y = cx + d$ 垂直的直线为

$$-cy = x$$

方程式(4-2)与式(4-4)表示的直线的交点就是直线上离原点最近的点，联合两式，解得

$$\begin{cases} x_p = -\dfrac{cd}{1+cc} \\ y_p = \dfrac{d}{1+cc} \end{cases} \tag{4-4}$$

### 4.1.2 拟合平面直线

平面直线拟合不顾及高程，以 $(x_i \quad y_i)^T (i = 1,2,\cdots,n)$ 表示沿直线测得的 $n$ 个点的坐标，以两种方式拟合。

**1. 按式(4-1)拟合**

以式(4-1)表示直线方程，过测得点 $(x_i \quad y_i)^T$ 与拟合直线垂直的直线上任意点的坐标满足

$$\begin{cases} x = x_i - bD \\ y = y_i + aD \end{cases} \tag{4-5}$$

式中，$D$ 是垂直线上任意点 $(x \quad y)^T$ 与 $(x_i \quad y_i)^T$ 之间的距离。

垂直线与拟合直线的交点满足直线方程式(4-1)和式(4-3)，则

$$\begin{cases} x_p + at = x_i - bD \\ y_p + bt = y_i + aD \end{cases}$$

由上式，解得

$$D = a(y_p - x_i) - b(x_p - y_i)$$

上式就是至直线的距离 $v_i$，因此得到

$$v_i = a(y_p - x_i) - b(x_p - y_i)$$

上式中的参数为 $a$、$b$、$x_p$、$y_p$，分别取近似值 $a^0 (a < 1)$、$b^0 = \sqrt{1 - a^0 a^0}$、$x_p^0$、$y_p^0$，线性化，得

$$v_i = (y_p^0 - x_i)\delta a - (x_p^0 - y_i)\delta b - b^0 \delta x_p + a^0 \delta y_p - l_i \tag{4-6}$$

式中

$$l_i = -a^0 (y_p^0 - x_i) + b^0 (x_p^0 - y_i)$$

以上模型包含了四个参数，而实际上只需两个独立参数即可，以上模型含以下两个条件。

第一个条件式定义 $(a \quad b)^T$ 为单位矢量，即

$$\sqrt{a^2 + b^2} = 1\text{，或 } a^2 + b^2 = 1$$

线性化

$$a\delta a + b\delta b = 0 \tag{4-7}$$

第二个条件式定义 $(x_p \quad y_p)^T$ 是直线上离原点最近的点，即原点至 $(x_p \quad y_p)^T$ 的方向与直线方向垂直

$$(x_p \quad y_p)\begin{pmatrix} a \\ b \end{pmatrix} = 0$$

线性化

$$x_p \delta a + y_p \delta b + a\delta x_p + b\delta y_p = 0 \tag{4-8}$$

按§2.2中附有条件的平差方法平差，但显然条件方程式(4-7)不能使得 $(a \quad b)^T$ 满足单位矢量和 $a > 0$ 的要求。平差迭代的步骤为

①第一迭代取近似值 $a^0$（$a < 1$）、$b^0 = \sqrt{1 - a^0 a^0}$ 、$x_p^0$、$y_p^0$。

②按误差方程式(4-6)和条件方程式(4-5)、式(4-4)得到法方程式(2-26)，求解得到参数的第一次改正数 $\delta x^{(1)}$，未知数修正为 $a^{(1)}, b^{(1)}, x_p^{(1)}, y_p^{(1)}$。

③若第 $k$ 迭代求得未知数为 $a^{(k)}, b^{(k)}, x_p^{(k)}, y_p^{(k)}$，将 $(a^{(k)} \quad b^{(k)})^T$ 单位化

$$\begin{cases} a'^{(k)} = \dfrac{a^{(k)}}{\sqrt{a^{(k)} a^{(k)} + b^{(k)} b^{(k)}}} \\ b'^{(k)} = \dfrac{b^{(k)}}{\sqrt{a^{(k)} a^{(k)} + b^{(k)} b^{(k)}}} \end{cases}$$

式中，若 $a'^{(k)} < 0$，则 $a'^{(k)}$ 与 $b'^{(k)}$ 反号；若 $a'^{(k)} = 0$ 且 $b'^{(k)} < 0$，则 $a'^{(k)}$ 与 $b'^{(k)}$ 反号。

修正直线上离原点最近点坐标 $(x_p^{(k)} \quad y_p^{(k)})^T$，直线方程为

$$\begin{cases} x = x_p^{(k)} + a'^{(k)} t \\ y = y_p^{(k)} + b'^{(k)} t \end{cases}$$

原点至直线的垂线方程为

$$\begin{cases} x = -b'^{(k)} D \\ y = a'^{(k)} D \end{cases}$$

直线上离原点最近点满足以上两个方程

$$\begin{cases} x_p^{(k)} + a'^{(k)} t = -b'^{(k)} D \\ y_p^{(k)} + b^{(k)} t = a'^{(k)} D \end{cases}$$

解得

$$D = -b'^{(k)} x_p^{(k)} + a'^{(k)} y_p^{(k)}$$

直线上离原点最近点的坐标修正为

$$\begin{cases} x_p'^{(k)} = -b'^{(k)} (-b'^{(k)} x_p^{(k)} + a'^{(k)} y_p^{(k)}) \\ y_p'^{(k)} = a'^{(k)} (-b'^{(k)} x_p^{(k)} + a'^{(k)} y_p^{(k)}) \end{cases}$$

④以 $a'^{(k)}$、$b'^{(k)}$、$x_p'^{(k)}$、$y_p'^{(k)}$ 为近似值重新组成误差方程和条件方程，求解直至收敛，即未知数改正数的平方和 $\sum_1^4 \delta x_i \delta x_i < \varepsilon$ 。

**2. 按式(4-2)拟合**

为了避免由于直线垂直于某坐标轴出现的数值问题，求出测得坐标 $(x_i \quad y_i)^{\mathrm{T}} (i = 1, 2, \cdots, N)$ 中的分量最大值和最小值 $x_{\max}$、$x_{\min}$、$y_{\max}$、$y_{\min}$ 。

若 $x_{\max} - x_{\min} \geqslant y_{\max} - y_{\min}$，则按方程 $y = cx + d$ 拟合，反之按 $x = cy + d$ 拟合。以前者为例求解参数 $c$、$d$，取近似值 $c^0$、$d^0$ 组成误差方程

$$v_i = x_i \delta c + \delta d - l_i \tag{4-9}$$

式中，$l_i = y_i - x_i c^0 - d^0$ 。

将式(4-9)组成法方程

$$\boldsymbol{N} \delta x = \boldsymbol{C} \tag{4-10}$$

此法方程较简单，可以直接写出为

$$\begin{bmatrix} \sum_1^n x_i x_i & \sum_1^n x_i \\ \sum_1^n x_i & n \end{bmatrix} \begin{pmatrix} \delta c \\ \delta d \end{pmatrix} = \begin{bmatrix} \sum_1^n x_i l_i \\ \sum_1^n l_i \end{bmatrix} \tag{4-11}$$

因为模型为线性模型，迭代两次便收敛。

从式(4-11)可以看出，如果坐标在数值上较大，法方程元素大小的差别就会很大，对法方程求逆不利，可以先将坐标值作一个变换

$$\begin{cases} x_i' = \dfrac{x_i - x_{\text{mean}}}{\Delta x} \\ y_i' = \dfrac{y_i - y_{\text{mean}}}{\Delta y} \end{cases} \tag{4-12}$$

式中，$\Delta x = x_{\max} - x_{\min}$；$x_{\text{mean}} = \dfrac{x_{\max} + x_{\min}}{2}$；$\Delta y = y_{\max} - y_{\min}$；$y_{\text{mean}} = \dfrac{y_{\max} + y_{\min}}{2}$。

经过以上变换，$x_i'$、$y_i'$ 的范围均在$[-1 \quad 1]$之间，用$(x_i' \quad y_i')^{\mathrm{T}}$ 拟合得到直线方程表示为

$$y' = c'x' + d'$$

将变换关系代入式(4-12)，得

$$\frac{y - y_{\mathrm{mean}}}{\Delta y} = c' \frac{x - x_{\mathrm{mean}}}{\Delta x} + d'$$

故

$$\begin{cases} c = c' \dfrac{\Delta y}{\Delta x} \\ d = y_{\mathrm{mean}} - c' \dfrac{\Delta y}{\Delta x} x_{\mathrm{mean}} + d' \Delta y \end{cases} \tag{4-13}$$

### 4.1.3 拟合平面直线算例

测得坐标如表 4-1 所示，拟合直线方程 $ex + fy + h = 0$，结果如下

$$\begin{cases} e = 0.821\,769\,890\,219\,896 \\ f = -0.569\,819\,486\,792\,071 \\ h = -254.502\,619\,456\,385 \end{cases}$$

拟合单位权中误差为 0.414 8。

表 4-1 拟合平面直线坐标与残差

| $x$ | $y$ | 残差 |
|---|---|---|
| 101.100 0 | −299.862 1 | −0.554 4 |
| 102.552 5 | −298.781 5 | 0.023 4 |
| 104.329 0 | −296.758 1 | 0.330 3 |
| 106.438 9 | −293.791 9 | 0.374 0 |
| 108.882 4 | −289.883 0 | 0.154 6 |
| 111.659 3 | −285.031 3 | −0.328 0 |

## §4.2 空间直线

### 4.2.1 直接拟合空间直线

空间直线方程为

$$\begin{cases} x = x_0 + at \\ y = y_0 + bt \\ h = h_0 + ct \end{cases} \tag{4-14}$$

式中，$(a \quad b \quad c)^{\mathrm{T}}$ 为空间直线的单位方向矢量 $(x_0 \quad y_0 \quad h_0)^{\mathrm{T}}$ 为空间直线上离原点最近的点；$t$ 为直线上任意点至 $(x_0 \quad y_0 \quad h_0)^{\mathrm{T}}$ 的距离。为了唯一表示直线，定义 $a > 0$，若 $a = 0$，则 $b > 0$；若 $a = 0$ 且 $b = 0$，则 $c > 0$（$a$、$b$、$c$ 不可能同时为 0）。

设观测了空间直线上 $n$ 个点的坐标 $(x_i \quad y_i \quad h_i)^{\mathrm{T}}$（$i = 1,2,\cdots,n$）。过 $i$ 点

与直线垂直的平面方程为 $ax+by+ch+d=0$，代入 $i$ 点坐标得此平面方程

$$ax+by+ch-(ax_i+by_i+ch_i)=0$$

将空间直线方程式(4-14)代入上式，得

$$a(x_0+at)+b(y_0+bt)+c(h_0+ct)-(ax_i+by_i+ch_i)=0$$

解得

$$t=\frac{ax_i+by_i+ch_i-(ax_0+by_0+ch_0)}{a^2+b^2+c^2}=ax_i+by_i+ch_i-(ax_0+by_0+ch_0)$$

故空间直线与过 $i$ 点与直线垂直平面的交点 $p$ 的坐标 $(x_p,y_p,h_p)$ 为

$$\begin{cases}x_p=x_0+a[ax_i+by_i+ch_i-(ax_0+by_0+ch_0)]\\ y_p=y_0+b[ax_i+by_i+ch_i-(ax_0+by_0+ch_0)]\\ h_p=h_0+c[ax_i+by_i+ch_i-(ax_0+by_0+ch_0)]\end{cases}$$

即

$$\begin{cases}x_p=x_0+aax_i+aby_i+ach_i-aax_0-aby_0-ach_0\\ y_p=y_0+abx_i+bby_i+bch_i-abx_0-bby_0-bch_0\\ h_p=h_0+acx_i+bcy_i+cch_i-acx_0-bcy_0-cch_0\end{cases}\tag{4-15}$$

观测点 $i$ 与交点 $p$ 的距离

$$v_i=\sqrt{(x_i-x_p)^2+(y_i-y_p)^2+(h_i-h_p)^2}$$

要确定式(4-14)所表示的空间直线，就是按各点至直线距离平方和为最小的条件，确定出 $(a\quad b\quad c)^{\mathrm{T}}$ 和 $(x_0\quad y_0\quad h_0)^{\mathrm{T}}$，$P_i$ 为权。因此误差方程为

$$v_i=\sqrt{(x_i-x_p)^2+(y_i-y_p)^2+(h_i-h_p)^2}\tag{4-16}$$

线性化偏导数

$$\frac{\partial v_i}{\partial x_0}=\frac{x_i-x_p}{\rho_i}\left(-\frac{\partial x_p}{\partial x_0}\right)+\frac{y_i-y_p}{\rho_i}\left(-\frac{\partial y_p}{\partial x_0}\right)+\frac{h_i-h_p}{\rho_i}\left(-\frac{\partial h_p}{\partial x_0}\right)$$

$$\frac{\partial v_i}{\partial y_0}=\frac{x_i-x_p}{\rho_i}\left(-\frac{\partial x_p}{\partial y_0}\right)+\frac{y_i-y_p}{\rho_i}\left(-\frac{\partial y_p}{\partial y_0}\right)+\frac{h_i-h_p}{\rho_i}\left(-\frac{\partial h_p}{\partial y_0}\right)$$

$$\frac{\partial v_i}{\partial h_0}=\frac{x_i-x_p}{\rho_i}\left(-\frac{\partial x_p}{\partial h_0}\right)+\frac{y_i-y_p}{\rho_i}\left(-\frac{\partial y_p}{\partial h_0}\right)+\frac{h_i-h_p}{\rho_i}\left(-\frac{\partial h_p}{\partial h_0}\right)$$

$$\frac{\partial v_i}{\partial a}=\frac{x_i-x_p}{\rho_i}\left(-\frac{\partial x_p}{\partial a}\right)+\frac{y_i-y_p}{\rho_i}\left(-\frac{\partial y_p}{\partial a}\right)+\frac{h_i-h_p}{\rho_i}\left(-\frac{\partial h_p}{\partial a}\right)$$

$$\frac{\partial v_i}{\partial b}=\frac{x_i-x_p}{\rho_i}\left(-\frac{\partial x_p}{\partial b}\right)+\frac{y_i-y_p}{\rho_i}\left(-\frac{\partial y_p}{\partial b}\right)+\frac{h_i-h_p}{\rho_i}\left(-\frac{\partial h_p}{\partial b}\right)$$

$$\frac{\partial v_i}{\partial c}=\frac{x_i-x_p}{\rho_i}\left(-\frac{\partial x_p}{\partial c}\right)+\frac{y_i-y_p}{\rho_i}\left(-\frac{\partial y_p}{\partial c}\right)+\frac{h_i-h_p}{\rho_i}\left(-\frac{\partial h_p}{\partial c}\right)$$

式中

$$\frac{\partial x_p}{\partial x_0}=1.0-aa$$

$$\frac{\partial x_p}{\partial y_0} = -ab$$

$$\frac{\partial x_p}{\partial h_0} = -ac$$

$$\frac{\partial x_p}{\partial a} = 2ax_i + by_i + ch_i - 2ax_0 - by_0 - ch_0$$

$$\frac{\partial x_p}{\partial b} = ay_i - ay_0$$

$$\frac{\partial x_p}{\partial c} = ah_i - ah_0$$

$$\frac{\partial y_p}{\partial x_0} = -ab$$

$$\frac{\partial y_p}{\partial y_0} = 1.0 - bb$$

$$\frac{\partial y_p}{\partial h_0} = -bc$$

$$\frac{\partial y_p}{\partial a} = bx_i - bx_0$$

$$\frac{\partial y_p}{\partial b} = ax_i + 2by_i + ch_i - ax_0 - 2by_0 - ch_0$$

$$\frac{\partial y_p}{\partial c} = bh_i - bh_0$$

$$\frac{\partial h_p}{\partial x_0} = -ac$$

$$\frac{\partial h_p}{\partial y_0} = -bc$$

$$\frac{\partial h_p}{\partial h_0} = 1.0 - cc$$

$$\frac{\partial h_p}{\partial a} = cx_i - cx_0$$

$$\frac{\partial h_p}{\partial b} = cy_i - cy_0$$

$$\frac{\partial h_p}{\partial c} = ax_i + by_i + 2ch_i - ax_0 - by_0 - 2ch_0$$

按 $V^{T}PV = \min$，由式(4-15)组成法方程，在下列两个条件下求解：

① $a^2 + b^2 + c^2 = 1$，即 $a\delta a + b\delta b + c\delta c = 0$。

② $(x_0 \quad y_0 \quad h_0)^{T}$ 是直线上离原点最近的点，因此该点处在过原点且与直线垂直的平面 $ax_0 + by_0 + ch_0 = 0$ 中，即 $x_0\delta a + y_0\delta b + h_0\delta c + a\delta x_0 + b\delta y_0 + c\delta h_0 = 0$。

求解时，与§4.1类似，应注意：

① $a$、$b$、$c$ 近似值初值应该满足 $a^2+b^2+c^2=1$。

②每次迭代得到参数修正值 $(a^{(k)}\quad b^{(k)}\quad c^{(k)})^{\mathrm{T}}$ 和 $(x_0^{(k)}\quad y_0^{(k)}\quad h_0^{(k)})^{\mathrm{T}}$ 后，需要调整其值

$$\begin{cases} a'^{(k)} = \dfrac{a^{(k)}}{\sqrt{a^{(k)}a^{(k)}+b^{(k)}b^{(k)}+c^{(k)}c^{(k)}}} \\ b'^{(k)} = \dfrac{b^{(k)}}{\sqrt{a^{(k)}a^{(k)}+b^{(k)}b^{(k)}+c^{(k)}c^{(k)}}} \\ c'^{(k)} = \dfrac{c^{(k)}}{\sqrt{a^{(k)}a^{(k)}+b^{(k)}b^{(k)}+c^{(k)}c^{(k)}}} \end{cases}$$

若 $a'^{(k)}<0$，则 $(a^{(k)}\quad b^{(k)}\quad c^{(k)})^{\mathrm{T}}$ 反号；若 $a'^{(k)}=0$ 且 $b'^{(k)}<0$，则 $(a^{(k)}\quad b^{(k)}\quad c^{(k)})^{\mathrm{T}}$ 反号；若 $a'^{(k)}=0$ 且 $b'^{(k)}=0$ 和 $c'^{(k)}<0$，则 $(a^{(k)}\quad b^{(k)}\quad c^{(k)})^{\mathrm{T}}$ 反号。

直线方程为

$$\begin{cases} x = x_0^{(k)} + a'^{(k)}t \\ y = y_0^{(k)} + b'^{(k)}t \\ h = h_0^{(k)} + c'^{(k)}t \end{cases} \tag{4-17}$$

过原点垂直于直线的平面为

$$a'^{(k)}x + b'^{(k)}y + c'^{(k)}h = 0 \tag{4-18}$$

$(x_0^{(k)}\quad y_0^{(k)}\quad h_0^{(k)})^{\mathrm{T}}$ 调整为

$$\begin{cases} x_0'^{(k)} = x_0^{(k)} + a'^{(k)}t \\ y_0'^{(k)} = y_0^{(k)} + b'^{(k)}t \\ h_0'^{(k)} = h_0^{(k)} + c'^{(k)}t \end{cases} \tag{4-19}$$

将式(4-18)代入式(4-19)，得

$$t = a'^{(k)}x_0^{(k)} + b'^{(k)}y_0^{(k)} + c'^{(k)}h_0^{(k)}$$

### 4.2.2 由平面直线组合空间直线

要由平面直线组合空间直线，首先要在平面内拟合平面直线。

**1. 在 $xy$ 平面内拟合直线**

$$a_{xy}x + b_{xy}y + c_{xy} = 0 \tag{4-20}$$

**2. 在 $yh$ 平面内拟合直线**

$$a_{yh}y + b_{yh}h + c_{yh} = 0 \tag{4-21}$$

**3. 在 $hx$ 平面内拟合直线**

$$a_{hx}h + b_{hx}x + c_{hx} = 0 \tag{4-22}$$

以上三式在空间内就是分别垂直于三个坐标面的平面，其中任意两个平面的交线就是空间直线的方程，若求式(4-20)与式(4-21)的交线则有

空间直线的方向与两个面的法线垂直，因此，空间直线的方向 $(a \quad b \quad c)^{\mathrm{T}}$ 是两个平面法线 $(a_{xy} \quad b_{xy} \quad 0)^{\mathrm{T}}$ 、$(0 \quad a_{yh} \quad b_{yh})^{\mathrm{T}}$ 的叉乘，其方程式为

$$(a' \quad b' \quad c')^{\mathrm{T}} = \begin{vmatrix} i & j & k \\ a_{xy} & b_{xy} & 0 \\ 0 & a_{yh} & b_{yh} \end{vmatrix}$$

故

$$a' = b_{xy}b_{yh}\,,\ b' = a_{xy}b_{yh}\,,\ c' = a_{xy}a_{yh}$$

单位化

$$a = \frac{a}{\sqrt{a^2 + b^2 + c^2}}, b = \frac{b}{\sqrt{a^2 + b^2 + c^2}}, c = \frac{c}{\sqrt{a^2 + b^2 + c^2}}$$

若 $a < 0$，则 $a$、$b$、$c$ 反号；若 $a = 0$ 且 $b < 0$，则 $a$、$b$、$c$ 反号；若 $a = 0$ 且 $b = 0$ 且 $c < 0$，则 $a$、$b$、$c$ 反号。

过原点与空间直线垂直的平面方程为

$$ax + by + ch = 0 \tag{4-23}$$

由式(4-20)、式(4-21)，得

$$x = -\frac{b_{xy}y + c_{xy}}{a_{xy}} \tag{4-24}$$

$$h = -\frac{a_{yh}y + c_{yh}}{b_{yh}} \tag{4-25}$$

将式(4-24)、式(4-25)代入式(4-23)中，便可解得直线上离原点最近的点 $(x_0 \quad y_0 \quad h_0)^{\mathrm{T}}$ 。

### 4.2.3 拟合空间直线算例

测得坐标如表 4-2，拟合得直线方程

$$\begin{cases} x = 54.420\,23 + 0.071\,201\,482\,339\,395\,3t \\ y = -3.965\,75 + 0.997\,423\,376\,207\,57t \\ h = 9.202\,13 + 0.008\,772\,542\,810\,669\,48t \end{cases}$$

**表 4-2 拟合空间直线坐标与残差**

| $x$ | $y$ | $h$ | 残差 |
|---|---|---|---|
| 45 | −103 | 8.5 | 2.350 9 |
| 46.234 | −105.101 | 8.402 | 0.968 4 |
| 47.001 | −106.994 | 8.301 | 0.064 6 |
| 47.998 | −109.05 | 8.193 | 1.079 9 |
| 49.001 | −110.899 | 8.09 | 2.215 4 |
| 65.000 | 143.003 | 10.488 | 0.088 4 |

# §4.3　空间平面

平面方程表示为

$$ax + by + ch + d = 0 \tag{4-26}$$

式中，$(a \quad b \quad c)^T$ 为平面的法线方向单位矢量。$a > 0$，若 $a = 0$ 则 $b > 0$；若 $a = 0$ 且 $b = 0$ 则 $c > 0$；$a$、$b$、$c$ 不可能同时为 0。

以 $(x_i \quad y_i \quad h_i)^T (i = 1,2,\cdots,n)$ 表示观测点坐标。

## 4.3.1 直接拟合

空间平面内任一点 $i$ 至该平面式(4-26)垂直直线的方程为

$$\begin{cases} x = x_i + at \\ y = y_i + bt \\ h = h_i + ct \end{cases} \tag{4-27}$$

将式(4-27)代入式(4-26)，得到 $i$ 点至平面的距离 $t$

$$t = - ax_i - by_i - ch_i - d$$

按各观测点至平面的距离平方和为最小，拟合求出 $a$、$b$、$c$、$d$，因此误差方程为

$$v_i = - ax_i - by_i - ch_i - d$$

条件式为

$a^2 + b^2 + c^2 = 1$，即 $a\delta a + b\delta b + c\delta c = 0$

与§4.1、§4.2类似，每次迭代均需要对 $a$、$b$、$c$ 作单位化修正。

## 4.3.2 按 $h = ax + by + c$ 拟合

为了避免由于直线平行于某坐标轴而出现数值问题，求出测得坐标 $(x_i \quad y_i \quad h_i)^T (i = 1,2,\cdots,n)$ 中的三个坐标分量的最大值和最小值之差 $\Delta x$、$\Delta y$、$\Delta h$。

在 $\Delta x$、$\Delta y$、$\Delta h$ 中，若 $\Delta x$ 最小，则按 $x = ay + bh + c$ 拟合；若 $\Delta y$ 最小，则按 $y = ah + bx + c$ 拟合；若 $\Delta h$ 最小，则按 $h = ax + by + c$ 拟合。

另外，也可以先将坐标分量变换至 $[-1 \quad 1]$ 区间，拟合后再回代。

误差方程的求解方式与§4.1.2中2.的方法类似。

## 4.3.3 点在平面上的投影

求得平面方程式(4-26)后，$i$ 点至平面的距离就是误差方程残差

$$v_i = - ax_i - by_i - ch_i - d \tag{4-28}$$

上式中的残差通常用于表示测得平面的平整度。

$i$ 点在平面上的投影点坐标 $(xp_i \quad yp_i \quad hp_i)^{\mathrm{T}}$ 为

$$\begin{cases} xp_i = x_i + av_i \\ yp_i = y_i + bv_i \\ hp_i = h_i + cv_i \end{cases} \tag{4-29}$$

投影点坐标一定满足平面方程式(4-26)。

### 4.3.4 点在平面坐标系中的坐标

如图 4-2 所示，在求得所有测定点在平面上的投影点坐标 $(xp_i \quad yp_i \quad hp_i)^{\mathrm{T}}$ $(i=1,2,\cdots,n)$后，建立平面坐标系 $oo-xxyyhh$，此坐标系的两个轴 $xx$、$yy$ 处在平面内，$hh$ 轴与平面的法线方向一致，各投影点在平面坐标系中的高程$hh=0$。

$oo$ 点在测量坐标系 $o-xyh$ 中的坐标定义为

$$oo\begin{cases} x_{oo} = \dfrac{\sum_1^n xp_i}{n} \\ y_{oo} = \dfrac{\sum_1^n yp_i}{n} \\ h_{oo} = \dfrac{\sum_1^n hp_i}{n} \end{cases} \tag{4-30}$$

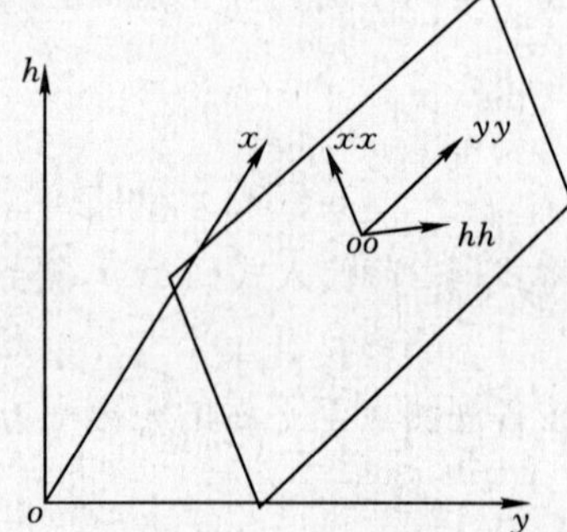


图 4-2 平面坐标系

$xx$ 轴在测量坐标系 $o-xyh$ 中的方向定义为 $oo$ 点至面内某点(不能是 $oo$ 点)的方向，不妨设为 $oo$ 点至 $(xp_1 \quad yp_1 \quad hp_1)$ 的方向 $(e_{xx1} \quad e_{xx2} \quad e_{xx3})^{\mathrm{T}}$

$$\begin{cases} e_{xx1} = \dfrac{xp_1 - x_{oo}}{d} \\ e_{xx2} = \dfrac{yp_1 - y_{oo}}{d}, d = \sqrt{(xp_1 - x_{oo})^2 + (yp_1 - y_{oo})^2 + (hp_1 - h_{oo})^2} \\ e_{xx3} = \dfrac{hp_1 - h_{oo}}{d} \end{cases} \tag{4-31}$$

$hh$ 轴在测量坐标系 $o-xyh$ 中的方向就是平面的法线方向 $(e_{hh1} \quad e_{hh2} \quad e_{hh3})^{\mathrm{T}}$

$$\begin{cases} e_{hh1} = a \\ e_{hh2} = b \\ e_{hh3} = c \end{cases} \tag{4-32}$$

$yy$ 轴在测量坐标系 $o-xyh$ 中的方向是 $xx$ 与 $hh$ 的叉乘方向

$$(e'_{yy1} \quad e'_{yy2} \quad e'_{yy3})^{\mathrm{T}} = (e_{xx1} \quad e_{xx2} \quad e_{xx3})^{\mathrm{T}} \times (e_{hh1} \quad e_{hh2} \quad e_{hh3})^{\mathrm{T}}$$

$$\begin{cases} e'_{yy1} = e_{xx2}e_{hh3} - e_{xx3}e_{hh2} \\ e'_{yy2} = e_{xx3}e_{hh1} - e_{xx1}e_{hh3} \\ e'_{yy3} = e_{xx1}e_{hh2} - e_{xx2}e_{hh1} \end{cases}$$

$$\begin{cases} e_{yy1} = \dfrac{e'_{yy1}}{\sqrt{e'_{yy1}e'_{yy1} + e'_{yy2}e'_{yy2} + e'_{yy3}e'_{yy3}}} \\ e_{yy2} = \dfrac{e'_{yy2}}{\sqrt{e'_{yy1}e'_{yy1} + e'_{yy2}e'_{yy2} + e'_{yy3}e'_{yy3}}} \\ e_{yy3} = \dfrac{e'_{yy3}}{\sqrt{e'_{yy1}e'_{yy1} + e'_{yy2}e'_{yy2} + e'_{yy3}e'_{yy3}}} \end{cases} \tag{4-33}$$

任意点在测量坐标系 $o-xyh$ 中坐标 $(x_i \quad y_i \quad h_i)^{\mathrm{T}}$ 与其在平面坐标系 $oo-xxyyhh$ 中坐标 $(xx_i \quad yy_i \quad hh_i)^{\mathrm{T}}$ 之间的关系为

$$\begin{bmatrix} x_i \\ y_i \\ h_i \end{bmatrix} = \begin{bmatrix} x_{oo} \\ y_{oo} \\ h_{oo} \end{bmatrix} + \boldsymbol{R} \begin{bmatrix} xx_i \\ yy_i \\ hh_i \end{bmatrix} \tag{4-34}$$

式中

$$\boldsymbol{R} = \begin{bmatrix} e_{xx1} & e_{yy1} & e_{hh1} \\ e_{xx2} & e_{yy2} & e_{hh2} \\ e_{xx3} & e_{yy3} & e_{hh3} \end{bmatrix} \tag{4-35}$$

由平面坐标系中坐标求测量坐标系中坐标的转换关系为

$$\begin{bmatrix} xx_i \\ yy_i \\ hh_i \end{bmatrix} = -\boldsymbol{R}^{\mathrm{T}} \begin{bmatrix} x_{oo} \\ y_{oo} \\ h_{oo} \end{bmatrix} + \boldsymbol{R}^{\mathrm{T}} \begin{bmatrix} x_i \\ y_i \\ h_i \end{bmatrix} \tag{4-36}$$

### 4.3.5 平面拟合算例

测得坐标和拟合后残差如表 4-3 所示，拟合得到的平面方程为

$$0.0763896752x - 0.01422172212y + 0.9969766096h - 13.3878 = 0$$

拟合中误差为 0.066 99。

表 4-3　拟合平面坐标与残差

| 实测点坐标 | | | 投影点坐标 | | | 残差 |
|---|---|---|---|---|---|---|
| $x$ | $y$ | $h$ | $x$ | $y$ | $h$ | |
| 45.000 | −103.000 | 8.5 | 45.000 9 | −103.000 2 | 8.511 1 | 0.011 2 |
| 46.234 | −105.101 | 8.402 | 46.232 8 | −105.100 8 | 8.386 8 | −0.015 3 |
| 47.001 | −106.994 | 8.301 | 47.001 0 | −106.994 0 | 8.300 9 | −0.000 1 |
| 47.998 | −109.050 | 8.193 | 47.998 2 | −109.050 0 | 8.195 2 | 0.002 2 |
| 49.001 | −110.899 | 8.09 | 49.001 2 | −110.899 0 | 8.092 0 | 0.002 0 |
| 65.000 | 143.003 | 10.488 | 65.000 0 | 143.003 0 | 10.488 0 | 0.000 0 |

# §4.4 拟合长方形

## 4.4.1 拟合模型

若在长方形的四条边上分别测定了一些点,按§4.3的方法拟合一平面,如图4-3所示,求出投影点坐标,将所有投影点换算至平面坐标系,不失一般性,仍以$(x_i \quad y_i \quad h_i)^T (i=1,2,\cdots,n)$表示。

以$(x_i \quad y_i)^T [i=1,2,\cdots,m_j (j=1,2,3,4)]$表示边$j$上测定点在平面坐标系中$xy$平面内的坐标。按§4.1的方法,将所有坐标变换至区间$[-1 \quad 1]$,变换后坐标仍以$(x_i \quad y_i)^T$表示。

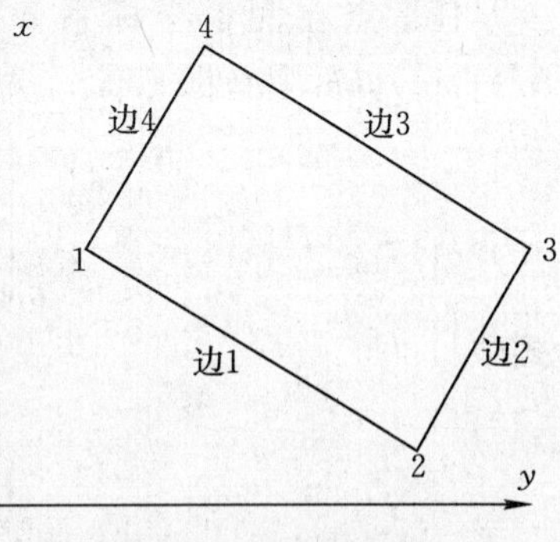

图4-3 拟合长方形

考察边1上点坐标分量的范围$\Delta x$、$\Delta y$,若$\Delta x > \Delta y$,则边1的方程为$y = ax + b_1$,否则方程为$x = ay + b_1$。若边1的方程定为$y = ax + b_1$,则边2的方程为$x = -\frac{1}{a}y + b_2$,边3的方程为$y = ax + b_3$,边4的方程为$x = -\frac{1}{a}y + b_4$。

对每条边上的点列出误差方程,如边2上的点的误差方程为

$$v_i = -\frac{1}{a}y_i + b_2 - x_i \ (i = 1,2,\cdots,m_1)$$

即

$$v_i = \frac{y_i}{a^2}\delta a + \delta b_2 - l_i \tag{4-37}$$

式中,$l_i = x_i + \frac{1}{a}y_i - b_2$;$a$的初值由对边1上的点作平面直线拟合得到;$b_1$、$b_2$、$b_3$、$b_4$的初值取为零。

由所有点的误差方程组成法方程求解,迭代至收敛,得到四条边的方程(若拟合前坐标变至$[-1 \quad 1]$区间,则应回代)。

各角点坐标$(\xi_i \quad \eta_i)^T$由两条边的方程联合求解,得到

$$\begin{cases} \xi_1 = -\dfrac{b_1 + b_4}{2a} + b_1 \\ \eta_1 = \dfrac{b_1 + b_4}{2} \end{cases}$$

$$\begin{cases} \xi_2 = -\dfrac{b_1 + b_2}{2a} + b_1 \\ \eta_2 = \dfrac{b_1 + b_2}{2} \end{cases}$$

$$\begin{cases}\xi_3 = -\dfrac{b_3 + b_2}{2a} + b_3 \\ \eta_3 = \dfrac{b_3 + b_2}{2}\end{cases}$$

$$\begin{cases}\xi_4 = -\dfrac{b_3 + b_4}{2a} + b_3 \\ \eta_4 = \dfrac{b_3 + b_4}{2}\end{cases}$$

求得 4 个角点在平面坐标系中的坐标后，可求出长方形的边长，按式(4-34)转回测量坐标系，便可得到 4 个角点在测量坐标系中的坐标。

## 4.4.2 拟合空间长方形算例

测得坐标列于表 4-4，拟合得平面方程为

$$0.047\,251\,348\,9x - 0.016\,079\,840\,5y - 0.998\,753\,597\,6h + 0.115\,047\,520\,542\,817 = 0$$

表 4-4　4 个顶点投影点坐标

| 序号 | $x_p$ | $y_p$ |
|---|---|---|
| 1 | −8.459 0 | 317.913 28 |
| 2 | −44.114 3 | 214.543 78 |
| 3 | −44.114 3 | 214.543 78 |
| 4 | −8.849 8 | 318.048 0 |

长方形上下的边长为 0.387 8，左右边长为 109.389 6。投影点坐标、点面距、点线距如表 4-5 所示。

表 4-5　拟合长方形坐标与残差

| | 实测坐标 | | | 投影点坐标 | | | 点面距 | 点线距 |
|---|---|---|---|---|---|---|---|---|
| | $x$ | $y$ | $h$ | $x_p$ | $y_p$ | $h_p$ | | |
| 上边 | 101.1 | −299.862 1 | 10 | 101.112 9 | −299.866 5 | 9.726 7 | 0.273 6 | 0.213 0 |
| | 102.552 5 | −298.781 5 | 10 | 102.563 0 | −298.785 0 | 9.777 9 | 0.222 4 | −0.176 1 |
| | 104.329 | −296.758 1 | 10 | 104.337 0 | −296.760 8 | 9.829 2 | 0.171 0 | −0.192 8 |
| | 106.438 9 | −293.791 9 | 10 | 106.444 5 | −293.793 8 | 9.881 2 | 0.119 0 | 0.155 8 |
| 下边 | 126.101 9 | −256.197 1 | 10 | 126.092 2 | −256.193 8 | 10.205 3 | −0.205 6 | 0.015 8 |
| | 130.546 3 | −246.631 7 | 10 | 130.533 9 | −246.627 5 | 10.261 5 | −0.261 8 | −0.030 1 |
| | 135.324 1 | −236.123 5 | 10 | 135.309 1 | −236.118 4 | 10.318 2 | −0.318 6 | 0.014 3 |
| 左边 | 28.925 7 | −1.914 92 | 0 | 28.854 2 | −1.890 6 | 1.510 7 | −1.512 6 | 0.241 9 |
| | −8.880 0 | −0.506 90 | 0 | −8.866 0 | −0.511 7 | −0.296 0 | −0.296 4 | 0.165 3 |
| | 23.335 8 | −1.971 2 | 0 | 23.276 7 | −1.951 2 | 1.247 8 | −1.249 4 | −0.033 7 |
| | 16.760 3 | −1.858 6 | 0 | 16.716 0 | −1.843 5 | 0.935 7 | −0.936 9 | −0.179 1 |
| | 9.199 1 | −1.577 0 | 0 | 9.172 0 | −1.567 7 | 0.574 4 | −0.575 1 | −0.194 5 |

续表

| | 实测坐标 | | | 投影点坐标 | | | 点面距 | 点线距 |
|---|---|---|---|---|---|---|---|---|
| | $x$ | $y$ | $h$ | $x_p$ | $y_p$ | $h_p$ | | |
| 右边 | −43.3908 | 2.3655 | 0 | −43.2976 | 2.3338 | −1.9708 | 1.9733 | −0.7623 |
| | −56.8657 | 3.6609 | 0 | −56.7414 | 3.6186 | −2.6275 | 2.6308 | −0.0976 |
| | −71.3262 | 5.1252 | 0 | −71.1685 | 5.0716 | −3.3335 | 3.3376 | 0.6898 |
| | 41.4333 | 0 | 0 | 41.3354 | 0.0333 | 2.0702 | −2.0728 | 0.8358 |
| | 37.1480 | −1.3029 | 0 | 37.0587 | −1.2725 | 1.8889 | −1.8913 | −0.6656 |

# §4.5 拟合长方体

## 4.5.1 拟合模型

若在长方体的 6 个表面上分别测定了一些点，按 §4.3 分别拟合出 6 个平面方程。

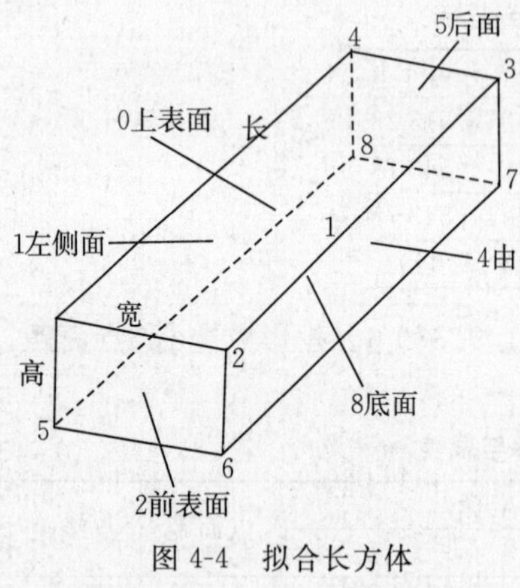

图 4-4 拟合长方体

由 6 个面方程求 8 个角点坐标，如图 4-4 所示，由上表面、左侧面、前表面方程可以求出角点 1 的坐标，设 3 个面的方程为

$$\begin{cases} a_1x + b_1y + c_1h + d_1 = 0 \\ a_2x + b_2y + c_2h + d_2 = 0 \\ a_3x + b_3y + c_3h + d_3 = 0 \end{cases}$$

角点 1 的坐标 $(x_1^0 \quad y_1^0 \quad h_1^0)^{\mathrm{T}}$ 满足以上方程组，求解得

$$\begin{pmatrix} x_1^0 \\ y_1^0 \\ h_1^0 \end{pmatrix} = -\begin{pmatrix} a_1 & b_1 & c_1 \\ a_2 & b_2 & c_2 \\ a_3 & b_3 & c_3 \end{pmatrix}^{-1} \begin{pmatrix} d_1 \\ d_2 \\ d_3 \end{pmatrix}$$

以求出的 8 个角点坐标 $(x_i^0 \quad y_i^0 \quad h_i^0)^{\mathrm{T}}(i = 1,2,\cdots,8)$ 作为近似值，调整 8 个角点坐标，使之满足长方体必要的独立条件：

①上表面内组成角点 1、2、3，3 个点的两条边线正交。

②左侧面内组成角点 1、5、8，3 个点的两条边线正交。

③前表面内组成角点 1、2、6，3 个点的两条边线正交。

④右侧面内组成角点 2、3、7，3 个点的两条边线正交。

以上 12 个正交条件是可以选择的，但独立的条件数总是 12。正交条件写成

$$(x_j - x_i \quad y_j - y_i \quad h_j - h_i)\begin{pmatrix} x_k - x_i \\ y_k - y_i \\ h_k - h_i \end{pmatrix} = 0$$

即

$$(x_j - x_i)(x_k - x_i) + (y_j - y_i)(y_k - y_i) + (h_j - h_i)(h_k - h_i) = 0 \tag{4-38}$$

对于上表面角点 1，$i = 1, i = 2, k = 4$ 。

将式(4-38)线性化得

$$\begin{aligned}&(2x_i - x_j - x_k)\delta x_i + (2y_i - y_j - y_k)\delta y_i + (2h_i - h_j - h_k)\delta h_i + \\ &(x_k - x_i)\delta x_j + (y_k - y_i)\delta y_j + (h_k - h_i)\delta h_j + (x_j - x_i)\delta x_k + \\ &(y_j - y_i)\delta y_k + (h_j - h_i)\delta h_k - w = 0\end{aligned} \tag{4-39}$$

式中，$w = -(x_j - x_i)(x_k - x_i) - (y_j - y_i)(y_k - y_i) - (h_j - h_i)(h_k - h_i)$ 。

仅按式(4-38)组成的 12 个条件方程，不能求得正确解，需要加上重心条件(尺度条件)，使得 8 个角点坐标改正数的和为 0

$$\begin{cases}\sum_1^8 \delta x_i = \sum_1^8 (x_i^0 - x_i^{(k-1)}) \\ \sum_1^8 \delta y_i = \sum_1^8 (y_i^0 - y_i^{(k-1)}) \\ \sum_1^8 \delta h_i = \sum_1^8 (h_i^0 - h_i^{(k-1)})\end{cases} \tag{4-40}$$

此式的含义是，在迭代到 $k$ 次时，组成条件方程式(4-38)采用的角点坐标近似值是 $k-1$ 次的迭代结果，本次迭代的坐标改正数应使得迭代结果的重心保持不变。

由式(4-39)和式(4-40)组成 15 个条件方程

$$\boldsymbol{A}\delta\boldsymbol{X} - \boldsymbol{W} = 0 \tag{4-41}$$

式中，$\delta\boldsymbol{X}$ 为三维坐标改正数。

在 $\delta\boldsymbol{X}^{\mathrm{T}}\delta\boldsymbol{X} = \min$ (权矩阵为单位阵)的条件下，求得(参阅 § 2.2)

$$\delta\boldsymbol{X} = \boldsymbol{P}^{-1}\boldsymbol{A}^{\mathrm{T}}(\boldsymbol{A}\boldsymbol{P}\boldsymbol{A}^{\mathrm{T}})^{-1}\boldsymbol{W} \tag{4-42}$$

迭代至收敛后，得到长方体 8 个角点的坐标，长宽高可同时求出。

### 4.5.2 拟合长方体算例

实测坐标见表 4-6，拟合得长方体的长为 19.948 1，宽为 49.930 5，高为 9.893 4。拟合中误差 0.116 9，具体见表 4-7。

**表 4-6a　8 个顶点坐标**

| 顶点 | $x$ | $y$ | $h$ |
|---|---|---|---|
| 1 | 0.159 38 | 0.180 1 | 10.068 8 |
| 2 | 0.129 0 | 50.110 7 | 10.089 8 |
| 3 | 20.076 4 | 50.122 9 | 9.926 4 |
| 4 | 20.106 8 | 0.192 34 | 9.907 7 |
| 5 | 0.079 5 | 0.184 27 | 0.175 7 |
| 6 | 0.047 93 | 50.114 8 | 0.196 8 |
| 7 | 19.995 4 | 49.975 9 | 0.033 3 |
| 8 | 20.026 9 | 0.192 0 | 0.146 2 |

表 4-6b 长方体的长宽高

| 长 | 宽 | 高 |
|---|---|---|
| 19.948 1 | 49.930 5 | 9.893 4 |

表 4-7 拟合长方体坐标与残差

| | $x$ | $y$ | $h$ | 点面距 |
|---|---|---|---|---|
| 上表面 | 1.234 5 | −2.013 45 | 10.124 | 0.064 2 |
| | 19.387 6 | 0.984 8 | 9.888 | −0.025 3 |
| | 0.876 9 | 48.913 4 | 9.976 5 | −0.106 2 |
| | 19.790 3 | 47.890 7 | 9.996 8 | 0.068 3 |
| 左表面 | 2.154 | 0.239 8 | 1.079 3 | −0.055 8 |
| | 18.795 3 | 0.189 6 | 0.891 2 | 0.002 7 |
| | 10.129 8 | 0.153 2 | 9.793 4 | 0.033 1 |
| 前表面 | 0.123 8 | 1.024 3 | 0.879 | 0.039 4 |
| | 0.085 61 | 47.999 | 1.265 | 0.027 4 |
| | 0.095 4 | 35.338 | 9.501 2 | −0.037 7 |
| 下表面 | 1.287 6 | 1.561 | 0.106 7 | −0.060 3 |
| | 18.502 3 | 1.607 8 | 0.039 5 | 0.012 5 |
| | 17.643 | 47.991 | 0.105 7 | 0.053 4 |
| 右表面 | 2.365 4 | 50.038 7 | 1.832 | −0.043 0 |
| | 19.055 5 | 49.98 | 0.173 5 | −0.037 6 |
| | 18.365 | 50.130 2 | 8.732 | 0.048 4 |
| 后表面 | 20.038 7 | 1.099 9 | 1.223 | 0.002 8 |
| | 19.997 6 | 49.003 | 0.893 4 | −0.005 7 |
| | 20.091 2 | 23.109 | 9.437 6 | 0.002 2 |

# 第 5 章　平面二次曲线拟合

已知某些工业设备形体是平面二次曲线，这些形体在空间可能不是水平安置，在测量了表面点坐标后，可按§4.3 的方法，由所有测定点拟合一平面，求出测定点在平面上的投影点坐标，将所有投影点换算至平面坐标系，再在平面内拟合二次曲线。

本章将讲述平面上二次曲线的拟合。

## §5.1　圆

### 5.1.1 模型

以 $(x_i \quad y_i)^{\mathrm{T}}$ $(i=1,2,\cdots,n)$ 表示测定点在平面坐标系中 $xy$ 平面内的坐标。圆的方程为

$$(x-x_0)^2+(y-y_0)^2=R^2$$

式中，$(x_0 \quad y_0)^{\mathrm{T}}$ 是圆心坐标；$R$ 是圆的半径。

对于所测点 $(x_i \quad y_i)^{\mathrm{T}}$，列出其误差方程：

$$v_i=\sqrt{(x_i-x_0)^2+(y_i-y_0)^2}-R$$

式中，$v_i$ 相当于 $i$ 点与圆周的距离。

$$v_i=\begin{pmatrix}-\dfrac{x_i-x_0}{\rho_i} & -\dfrac{y_i-y_0}{\rho_i} & -1\end{pmatrix}\begin{pmatrix}\delta x_0\\ \delta y_0\\ \delta R\end{pmatrix}-l_i \tag{5-1}$$

式中，$\rho_i=\sqrt{(x_i-x_0)^2+(y_i-y_0)^2}$；$l_i=R-\sqrt{(x_i-x_0)^2+(y_i-y_0)^2}$。

圆心坐标的迭代初值可以取为所有测定点的坐标均值，半径初值可取为任意正数。

### 5.1.2 拟合圆算例

测得坐标如表 5-17 所示，拟合得圆心坐标(85.794 4，−73.195 8)，半径 144.186 5。

**表 5-1 拟合圆坐标与残差**

| $x$ | $y$ | 残差 |
|---|---|---|
| 187.660 4 | 29.391 0 | 0.384 4 |
| 24.929 8 | 57.083 0 | −0.391 3 |
| 6.886 0 | 47.580 0 | 0.081 8 |
| −49.034 2 | −124.730 0 | 0.155 3 |
| 120.784 5 | −213.135 0 | 0.060 8 |
| 215.083 6 | −136.364 0 | −0.291 0 |

## §5.2 平面二次曲线

以 $(x_i \quad y_i)^{\mathrm{T}}\ (i=1,2,\cdots,n)$ 表示沿一条某平面内的曲线测得的一系列点的平面坐标。若此曲线为二次曲线，则方程为

$$a_0 + a_1 x + a_2 y + a_3 x^2 + a_4 xy + a_5 y^2 = 0 \tag{5-2}$$

写成矩阵形式

$$a_0 + (a_1 \quad a_2)\begin{pmatrix} x \\ y \end{pmatrix} + (x \quad y)\begin{bmatrix} a_3 & \frac{a_4}{2} \\ \frac{a_4}{2} & a_5 \end{bmatrix}\begin{pmatrix} x \\ y \end{pmatrix} = 0 \tag{5-3}$$

简写为

$$a_0 + (a_1 \quad a_2)\boldsymbol{X} + \boldsymbol{X}^{\mathrm{T}}\boldsymbol{D}\boldsymbol{X} = 0 \tag{5-4}$$

式中，$a_0, a_1, \cdots, a_5$ 是平面二次曲线方程的系数，不能同时为零；而

$$\boldsymbol{X} = (x \quad y)^{\mathrm{T}};\quad \boldsymbol{D} = \begin{bmatrix} a_3 & \frac{a_4}{2} \\ \frac{a_4}{2} & a_5 \end{bmatrix}$$

显然 $a_0, a_1, \cdots, a_5$ 六个数不能同时求解，因为方程两边乘一个常数后，方程仍然成立。若曲线不经过原点，则 $a_0 \neq 0$，$a_0$ 作为一个常数；若曲线经过原点，则 $a_0 = 0$，$a_1, \cdots, a_5$ 中还需固定一个量。

### 5.2.1 二次曲线方程拟合

若所有测定点均在曲线上，则所有点的坐标均满足方程式(5-4)，对不满足方程的量作最小二乘拟合，对每个点可列出误差方程

$$v_i = x_i \delta a_1 + y_i \delta a_2 + x_i^2 \delta a_3 + x_i y_i \delta a_4 + y_i^2 \delta a_5 - l_i \tag{5-5}$$

式中，$l_i = -a_0 - a_1 x_i - a_2 y_i - a_3 x_i^2 - a_4 x_i y_i - a_5 y_i^2$。

$a_0$ 的值可以取为 $x$ 坐标和 $y$ 坐标的最大值与最小值之差的乘积，参数 $a_1$，

$a_2, \cdots, a_5$ 的迭代初值可以取为 0。由式(5-5)组成法方程求解，迭代至收敛便得到各系数。

若坐标分量在数值上较大，则系数的大小在数值上就会相差很大(如 $\delta a_3$ 的系数是 $\delta a_1$ 的系数的平方)，引起的法方程对角元的差别相差得就更大，法方程求逆时可能会出现数值计算上的问题，为避免数值问题，可对坐标作正规化处理

$$\begin{cases} x'_i = \dfrac{x_i - \bar{x}}{\Delta x} \\ y'_i = \dfrac{y_i - \bar{y}}{\Delta y} \end{cases} \tag{5-6}$$

式中，$\bar{x}$、$\bar{y}$ 是坐标分量均值；$\Delta x$、$\Delta y$ 分别是坐标分量最大值与最小值之差的一半。采用式(5-6) 正规化后，$x'_i$ 与 $y'_i$ 在尺度上不一致，为使尺度一致，也可使 $\Delta x$、$\Delta y$ 取一样的值，如 $\Delta x$、$\Delta y$ 均取为其中大的一个。

按式(5-6)正规化后，坐标分量 $x'_i$ 与 $y'_i$ 的值均落在区间 $[-1 \quad 1]$ 内。将二次曲线方程写为

$$1 + a'_1 x' + a'_2 y' + a'_3 x'^2 + a'_4 x' y' + a'_5 y'^2 = 0 \tag{5-7}$$

误差方程为

$$v_i = x'_i \delta a'_1 + y'_i \delta a'_2 + x'^2_i \delta a'_3 + x'_i y'_i \delta a'_4 + y'^2_i \delta a'_5 - l'_i \tag{5-8}$$

式中，$l'_i = -1 - a'_1 x'_i - a'_2 y'_i - a'_3 x'^2_i - a'_4 x'_i y'_i - a'_5 y'^2_i$。

参数 $a'_1, a'_2, \cdots, a'_5$ 的迭代初值可以取为 0，迭代求解收敛后，反求出式(5-3)对应的系数。将式(5-7)写为

$$1 + (a'_1 \quad a'_2)\begin{pmatrix} x' \\ y' \end{pmatrix} + (x' \quad y')\begin{bmatrix} a'_3 & \dfrac{a'_4}{2} \\ \dfrac{a'_4}{2} & a'_5 \end{bmatrix}\begin{pmatrix} x' \\ y' \end{pmatrix} = 0 \tag{5-9}$$

由式(5-6)，得

$$\boldsymbol{X}' = \boldsymbol{S}\boldsymbol{X} - \boldsymbol{S}\bar{\boldsymbol{X}} \tag{5-10}$$

式中

$$\boldsymbol{X}' = \begin{pmatrix} x' \\ y' \end{pmatrix},\ \boldsymbol{S} = \begin{bmatrix} \dfrac{1}{\Delta x} & 0 \\ 0 & \dfrac{1}{\Delta y} \end{bmatrix},\ \bar{\boldsymbol{X}} = \begin{pmatrix} \bar{x} \\ \bar{y} \end{pmatrix}$$

将式(5-10)代入式(5-9)，得

$$1 + (a'_1 \quad a'_2)(\boldsymbol{S}\boldsymbol{X} - \boldsymbol{S}\bar{\boldsymbol{X}}) + (\boldsymbol{S}\boldsymbol{X} - \boldsymbol{S}\bar{\boldsymbol{X}})^{\mathrm{T}}\boldsymbol{D}'(\boldsymbol{S}\boldsymbol{X} - \boldsymbol{S}\bar{\boldsymbol{X}}) = 0$$

$$1 - (a'_1 \quad a'_2)\boldsymbol{S}\bar{\boldsymbol{X}} + \bar{\boldsymbol{X}}^{\mathrm{T}}\boldsymbol{S}\boldsymbol{D}'\boldsymbol{S}\bar{\boldsymbol{X}} + (a'_1 \quad a'_2)\boldsymbol{S}\boldsymbol{X} - 2\bar{\boldsymbol{X}}\boldsymbol{S}\boldsymbol{D}'\boldsymbol{S}\boldsymbol{X} + \boldsymbol{X}^{\mathrm{T}}\boldsymbol{S}\boldsymbol{D}'\boldsymbol{S}\boldsymbol{X} = 0 \tag{5-11}$$

式中，$\boldsymbol{D}' = \begin{bmatrix} a'_3 & \dfrac{a'_4}{2} \\ \dfrac{a'_4}{2} & a'_5 \end{bmatrix}$。

比较式(5-11)与式(5-4)，得到平面二次曲线方程的系数 $a_0, a_1, \cdots, a_5$

$$\begin{cases} a_0 = 1 - (a'_1 \quad a'_2)\boldsymbol{S}\bar{\boldsymbol{X}} + \bar{\boldsymbol{X}}^{\mathrm{T}}\boldsymbol{S}\boldsymbol{D}'\boldsymbol{S}\bar{\boldsymbol{X}} \\ (a_1 \quad a_2) = (a'_1 \quad a'_2)\boldsymbol{S} - 2\bar{\boldsymbol{X}}\boldsymbol{S}\boldsymbol{D}'\boldsymbol{S} \\ \boldsymbol{D} = \boldsymbol{S}\boldsymbol{D}'\boldsymbol{S} \end{cases} \tag{5-12}$$

展开为

$$\begin{cases} a_0 = 1 - a'_1\dfrac{\bar{x}}{\Delta x} - a'_2\dfrac{\bar{y}}{\Delta y} + a'_3\left(\dfrac{\bar{x}}{\Delta x}\right)^2 + a'_4\dfrac{\bar{x}}{\Delta x}\dfrac{\bar{y}}{\Delta y} + a'_5\left(\dfrac{\bar{y}}{\Delta y}\right)^2 \\ a_1 = a'_1\dfrac{1}{\Delta x} - a'_3\dfrac{2\bar{x}}{\Delta x^2} - a'_4\dfrac{\bar{y}}{\Delta x\Delta y} \\ a_2 = a'_2\dfrac{1}{\Delta y} - a'_4\dfrac{\bar{x}}{\Delta x\Delta y} - a'_5\dfrac{2\bar{y}}{\Delta y^2} \\ a_3 = a'_3\dfrac{1}{\Delta x^2} \\ a_4 = a'_4\dfrac{1}{\Delta x\Delta y} \\ a_5 = a'_5\dfrac{1}{\Delta y^2} \end{cases} \tag{5-13}$$

### 5.2.2 二次曲线方程的齐次化

按雅可比方法，定义旋转矩阵

$$\boldsymbol{R} = \begin{pmatrix} \cos\theta & \sin\theta \\ -\sin\theta & \cos\theta \end{pmatrix} \tag{5-14}$$

$$\frac{1}{\tan(2\theta)} = \frac{a_5 - a_3}{a_4} = \zeta$$

$$T = \begin{cases} \dfrac{1}{\zeta + \sqrt{1+\zeta^2}}, & \zeta \geqslant 0 \\ \dfrac{1}{\zeta - \sqrt{1+\zeta^2}}, & \zeta < 0 \end{cases}$$

$$\begin{cases} \cos\theta = \dfrac{1}{\sqrt{1+T^2}} \\ \sin\theta = \dfrac{T}{\sqrt{1+T^2}} \end{cases} \tag{5-15}$$

将式(5-4)中的矩阵 $\boldsymbol{D}$ 作变换

$$\boldsymbol{R}^{\mathrm{T}}\boldsymbol{D}\boldsymbol{R}=\boldsymbol{\Lambda} \tag{5-16}$$

显然有

$$\boldsymbol{\Lambda}=\begin{bmatrix}\lambda_1 & \\ & \lambda_2\end{bmatrix} \tag{5-17}$$

式中，$\lambda_1$ 与 $\lambda_2$ 为矩阵 $\boldsymbol{D}$ 的特征值。

由式(5-16)，得

$$\boldsymbol{D}=\boldsymbol{R}\boldsymbol{\Lambda}\boldsymbol{R}^{\mathrm{T}} \tag{5-18}$$

定义新坐标

$$\boldsymbol{Y}'=\begin{pmatrix}p\\q\end{pmatrix}=\boldsymbol{R}^{\mathrm{T}}\begin{pmatrix}x\\y\end{pmatrix}=\boldsymbol{R}^{\mathrm{T}}\boldsymbol{X} \tag{5-19}$$

代入式(5-8)

$$a_0+(a_1\quad a_2)\boldsymbol{R}\begin{pmatrix}p\\q\end{pmatrix}+(p\quad q)\boldsymbol{R}^{\mathrm{T}}\boldsymbol{D}\boldsymbol{R}\begin{pmatrix}p\\q\end{pmatrix}=0$$

即

$$a_0+(b_1\quad b_2)\begin{pmatrix}p\\q\end{pmatrix}+(p\quad q)\boldsymbol{\Lambda}\begin{pmatrix}p\\q\end{pmatrix}=0 \tag{5-20}$$

式中，$(b_1\quad b_2)=(a_1\quad a_2)\boldsymbol{R}$ 。

将式(5-20)展开，坐标分量的交叉项已经消失

$$a_0+b_1p+b_2q+\lambda_1p^2+\lambda_2q^2=0$$

将其合并为

$$\lambda_1x'^2+\lambda_2y'^2+b_0=0$$

即

$$(x'\quad y')\begin{bmatrix}\lambda_1 & \\ & \lambda_2\end{bmatrix}\begin{pmatrix}x'\\y'\end{pmatrix}+b_0=0 \tag{5-21}$$

式中

$$\begin{cases}x'=p+\dfrac{b_1}{2\lambda_1}\\ y'=q+\dfrac{b_2}{2\lambda_2}\\ b_0=a_0-\left(\dfrac{b_1}{2\lambda_1}\right)^2-\left(\dfrac{b_2}{2\lambda_2}\right)^2\end{cases} \tag{5-22}$$

即

$$\begin{pmatrix}x'\\y'\end{pmatrix}=\begin{pmatrix}p\\q\end{pmatrix}+\begin{bmatrix}\dfrac{b_1}{2\lambda_1}\\ \dfrac{b_2}{2\lambda_2}\end{bmatrix} \tag{5-23}$$

将式(5-19)代入上式，标准坐标系坐标 $(x' \quad y')^{\mathrm{T}}$ 与测量平面坐标系坐标 $(x \quad y)^{\mathrm{T}}$ 的关系为

$$\begin{pmatrix} x' \\ y' \end{pmatrix} = \begin{bmatrix} \dfrac{b_1}{2\lambda_1} \\ \dfrac{b_2}{2\lambda_2} \end{bmatrix} + \boldsymbol{R}^{\mathrm{T}} \begin{pmatrix} x \\ y \end{pmatrix} \tag{5-24}$$

或

$$\begin{pmatrix} x \\ y \end{pmatrix} = -\boldsymbol{R} \begin{bmatrix} \dfrac{b_1}{2\lambda_1} \\ \dfrac{b_2}{2\lambda_2} \end{bmatrix} + \boldsymbol{R} \begin{pmatrix} x' \\ y' \end{pmatrix} \tag{5-25}$$

通常记为

$$\boldsymbol{X} = \boldsymbol{X}_0 + \boldsymbol{RY} \tag{5-26}$$

式中，$\boldsymbol{X}_0 = -\boldsymbol{R} \begin{bmatrix} \dfrac{b_1}{2\lambda_1} \\ \dfrac{b_2}{2\lambda_2} \end{bmatrix}$ 通常称为平移量；$\boldsymbol{R}$ 称为旋转矩阵。

## 5.2.3 拟合平面二次曲线算例

测得坐标如表 5-2 所示，拟合得曲线方程

$$a + bx + cy + dx^2 + exy + fy^2 = 0$$

式中，各系数值如表 5-3 所示。

**表 5-2 曲线方程系数值**

| 系数 | 值 |
|---|---|
| $a$ | 0.386 509 604 285 8 |
| $b$ | 0.008 302 031 851 392 24 |
| $c$ | −0.007 071 486 893 257 82 |
| $d$ | −0.000 048 213 861 253 364 9 |
| $e$ | 0.000 000 406 795 875 415 094 |
| $f$ | −0.000 048 055 544 752 811 3 |

**表 5-3 拟合平面二次曲线坐标与残差**

| $x$ | $y$ | $x$ 残差 | $y$ 残差 | 残差 |
|---|---|---|---|---|
| 187.660 4 | 29.391 0 | −0.056 6 | −0.056 4 | −0.000 6 |
| 24.929 8 | 57.083 0 | −0.645 6 | 0.305 9 | 0.003 8 |
| 6.886 0 | 47.580 0 | 0.488 3 | −0.320 6 | −0.003 7 |
| −49.034 2 | −124.730 0 | −0.030 0 | −0.079 6 | 0.000 4 |
| 120.784 5 | −213.135 0 | −0.119 1 | 0.030 3 | −0.000 4 |
| 215.083 6 | −136.364 0 | 0.038 9 | −0.079 4 | 0.000 5 |

注：以 $x$ 坐标代入方程，解出 $y$ 与 $y$ 坐标的差值为 $y$ 残差。

# §5.3　椭圆、双曲线

以 $(x_i \quad y_i)^T$ ( $i=1,2,\cdots,n$ )表示沿椭圆或双曲线测定的一系列点的平面坐标。建立一个标准坐标系 $o'-x'y'$ ,其原点为椭圆(双曲线)的中心, $x'$ 、$y'$ 与椭圆(双曲线)的两个轴方向一致。椭圆(双曲线)在 $o'-x'y'$ 中的方程

$$\pm\frac{x'^2}{a^2}\pm\frac{y'^2}{b^2}-1=0 \tag{5-27}$$

## 5.3.1 拟合齐次化法

按§5.2的方法得到式(5-21),将其写成

$$\frac{x''^2}{-\dfrac{b_0}{\lambda_1}}+\frac{y''^2}{-\dfrac{b_0}{\lambda_2}}=1 \tag{5-28}$$

与式(5-26)比较:

①若 $-\dfrac{b_0}{\lambda_1}>0$ 且 $-\dfrac{b_0}{\lambda_2}>0$ ,则是椭圆方程,椭圆的两个轴

$$\begin{cases} a^2=-\dfrac{b_0}{\lambda_1} \\ b^2=-\dfrac{b_0}{\lambda_2} \end{cases} \tag{5-29}$$

②若 $-\dfrac{b_0}{\lambda_1}$ 与 $-\dfrac{b_0}{\lambda_2}$ 异号,则是双曲线方程,双曲线方程的两个轴

$$\begin{cases} a^2=\left|-\dfrac{b_0}{\lambda_1}\right| \\ b^2=\left|-\dfrac{b_0}{\lambda_2}\right| \end{cases} \tag{5-30}$$

若将式(5-25)求出的旋转角 $\theta$ 加减 $90°$(即改变 $\lambda_1$ 与 $\lambda_2$ 的次序),可以改变标准坐标系的两个轴向。

③若 $-\dfrac{b_0}{\lambda_1}<0$ 且 $-\dfrac{b_0}{\lambda_2}<0$ ,非二次曲线。

由式(5-26),测量平面坐标与标准坐标的关系为将标准坐标系 $o'-x'y'$ 绕其原点旋转 $\theta$ 角,再将中心平移 $(x_0 \quad y_0)^T$ 即为测量平面坐标系。

## 5.3.2 拟合比较法

将标准坐标系坐标 $(x' \quad y')^T$ 与测量平面坐标系中的坐标 $(x \quad y)^T$ 的关系表示为

$$\begin{pmatrix} x' \\ y' \end{pmatrix} = \begin{bmatrix} x_0 \\ y_0 \end{bmatrix} + \begin{pmatrix} \cos\alpha & -\sin\alpha \\ \sin\alpha & \cos\alpha \end{pmatrix} \begin{pmatrix} x \\ y \end{pmatrix}$$

即

$$\begin{cases} x' = x_0 + x\cos\alpha - y\sin\alpha \\ y' = y_0 + x\sin\alpha + y\cos\alpha \end{cases} \tag{5-31}$$

式(5-31)等价于式(5-26),但平移量和旋转角的含义可能不同。

将式(5-31)代入椭圆方程 $\frac{x'^2}{a^2} + \frac{y'^2}{b^2} = 1$,得

$$\begin{aligned} &\left(\frac{x_0^2}{a^2} + \frac{y_0^2}{b^2} - 1\right) + \left(\frac{2x_0\cos\alpha}{a^2} + \frac{2y_0\sin\alpha}{b^2}\right)x \\ &+ \left(\frac{-2x_0\sin\alpha}{a^2} + \frac{2y_0\cos\alpha}{b^2}\right)y + \left(\frac{\cos^2\alpha}{a^2} + \frac{\sin^2\alpha}{b^2}\right)x^2 \\ &+ \left(\frac{-2\sin\alpha\cos\alpha}{a^2} + \frac{2\sin\alpha\cos\alpha}{b^2}\right)xy + \left(\frac{\sin^2\alpha}{a^2} + \frac{\cos^2\alpha}{b^2}\right)y^2 = 0 \end{aligned} \tag{5-32}$$

按§5.2的方法,直接拟合得到的二次平面曲线方程式。

比较 $a_3$ 与 $a_5$ 项,得

$$\frac{a_5}{a_3} = \frac{\dfrac{\sin^2\alpha}{a^2} + \dfrac{\cos^2\alpha}{b^2}}{\dfrac{\cos^2\alpha}{a^2} + \dfrac{\sin^2\alpha}{b^2}} = \frac{b^2\sin^2\alpha + a^2\cos^2\alpha}{b^2\cos^2\alpha + a^2\sin^2\alpha} = \frac{b^2\tan^2\alpha + a^2}{b^2 + a^2\tan^2\alpha}$$

$$a_5(b^2 + a^2\tan^2\alpha) = a_3(b^2\tan^2\alpha + a^2)$$

$$a_5\left(\frac{b^2}{a^2} + \tan^2\alpha\right) = a_3\left(\frac{b^2}{a^2}\tan^2\alpha + 1\right)$$

故轴长之比

$$\frac{b^2}{a^2} = \frac{a_3 - a_5\tan^2\alpha}{a_5 - a_3\tan^2\alpha} \tag{5-33}$$

比较 $a_3$ 与 $a_4$ 项,得

$$\frac{\dfrac{-2\sin\alpha\cos\alpha}{a^2} + \dfrac{2\sin\alpha\cos\alpha}{b^2}}{\dfrac{\cos^2\alpha}{a^2} + \dfrac{\sin^2\alpha}{b^2}} = \frac{a_4}{a_3}$$

$$\frac{-2b^2\sin\alpha\cos\alpha + 2a^2\sin\alpha\cos\alpha}{b^2\cos^2\alpha + a^2\sin^2\alpha} = \frac{a_4}{a_3}$$

$$a_3(-2b^2\sin\alpha\cos\alpha + 2a^2\sin\alpha\cos\alpha) = a_4(b^2\cos^2\alpha + a^2\sin^2\alpha)$$

$$-2b^2a_3\tan\alpha + 2a^2a_3\tan\alpha = b^2a_4 + a^2a_4\tan^2\alpha$$

$$(2a_3\tan\alpha - a_4\tan^2\alpha)a^2 = (a_4 + 2a_3\tan\alpha)b^2$$

又得到轴长之比

$$\frac{a^2}{b^2} = \frac{a_4 + 2a_3\tan\alpha}{2a_3\tan\alpha - a_4\tan^2\alpha} \tag{5-34}$$

比较式(5-33)与式(5-34),得

$$\frac{a_4 + 2a_3\tan\alpha}{2a_3\tan\alpha - a_4\tan^2\alpha} = \frac{a_5 - a_3\tan^2\alpha}{a_3 - a_5\tan^2\alpha}$$

$$a_3a_4 - a_4a_5\tan^2\alpha + 2a_3{}^2\tan\alpha - 2a_3a_5\tan^3\alpha$$

$$= 2a_3a_5\tan\alpha - a_4a_5\tan^2\alpha - 2a_3{}^2\tan^3\alpha + a_3a_4\tan^4\alpha$$

$$a_3a_4\tan^4\alpha + (-2a_3{}^2 + 2a_3a_5)\tan^3\alpha + (2a_3a_5 - 2a_3{}^2)\tan\alpha - a_3a_4 = 0$$

$$a_4\tan^4\alpha + (-2a_3 + 2a_5)\tan^3\alpha + (2a_5 - 2a_3)\tan\alpha - a_4 = 0$$

$$a_4(\tan^4\alpha - 1) + (-2a_3 + 2a_5)(\tan^3\alpha + \tan\alpha) = 0$$

$$\frac{a_4}{2a_3 - 2a_5} = \frac{\tan^3\alpha + \tan\alpha}{\tan^4\alpha - 1} = \frac{(\tan^2\alpha + 1)\tan\alpha}{(\tan^2\alpha - 1)(\tan^2\alpha + 1)} = \frac{\tan\alpha}{\tan^2\alpha - 1}$$

$$a_4\tan^2\alpha - 2(a_3 - a_5)\tan\alpha - a_4 = 0$$

得到旋转角计算公式

$$\tan\alpha = \frac{2(a_3 - a_5) \pm \sqrt{4(a_3 - a_5)^2 + 4a_4{}^2}}{2a_4}$$

$$= \frac{(a_3 - a_5) \pm \sqrt{(a_3 - a_5)^2 + a_4{}^2}}{a_4} \tag{5-35}$$

比较 $a_5$ 与 $a_4$ 项,得

$$\frac{\dfrac{-2\sin\alpha\cos\alpha}{a^2} + \dfrac{2\sin\alpha\cos\alpha}{b^2}}{\dfrac{\sin^2\alpha}{a^2} + \dfrac{\cos^2\alpha}{b^2}} = \frac{a_4}{a_5}$$

$$\frac{-2b^2\sin\alpha\cos\alpha + 2a^2\sin\alpha\cos\alpha}{b^2\sin^2\alpha + a^2\cos^2\alpha} = \frac{a_4}{a_5}$$

$$-2b^2a_5\tan\alpha + 2a^2a_5\tan\alpha = b^2a_4\tan^2\alpha + a^2a_4$$

$$(2a_5\tan\alpha - a_4)a^2 = b^2(a_4\tan^2\alpha + 2a_5\tan\alpha)$$

$$\frac{b^2}{a^2} = \frac{2a_5\tan\alpha - a_4}{a_4\tan^2\alpha + 2a_5\tan\alpha}$$

$$\frac{2a_5\tan\alpha - a_4}{a_4\tan^2\alpha + 2a_5\tan\alpha} = \frac{a_3 - a_5\tan^2\alpha}{a_5 - a_3\tan^2\alpha}$$

$$2a_5{}^2\tan\alpha - 2a_3a_5\tan^3\alpha - a_4a_5 + a_3a_4\tan^2\alpha$$

$$= a_3a_4\tan^2\alpha + 2a_3a_5\tan\alpha - a_4a_5\tan^4\alpha - 2a_5{}^2\tan^3\alpha$$

$$a_4a_5\tan^4\alpha + (2a_5{}^2 - 2a_3a_5)\tan^3\alpha + (2a_5{}^2 - 2a_3a_5)\tan\alpha - a_4a_5 = 0$$

$$a_4\tan^4\alpha + (2a_5 - 2a_3)\tan^3\alpha + (2a_5 - 2a_3)\tan\alpha - a_4 = 0$$

$$a_4(\tan^4\alpha - 1) + 2(a_5 - a_3)(\tan^3\alpha + \tan\alpha) = 0$$

$$a_4(\tan^2\alpha - 1) + 2(a_5 - a_3)\tan\alpha = 0$$

$$a_4\tan^2\alpha-2(a_3-a_5)\tan\alpha-a_4=0$$

也得到旋转角计算公式,与式(5-35)相同:

$$\tan\alpha=\frac{(a_3-a_5)\pm\sqrt{(a_3-a_5)^2+a_4a_4}}{a_4} \tag{5-36}$$

由式(5-34),得偏心率为

$$e^2=1-\frac{b^2}{a^2}=1-\frac{a_3-a_5\tan^2\alpha}{a_5-a_3\tan^2\alpha}=\frac{a_5-a_3}{a_5\cos^2\alpha-a_3\sin^2\alpha}$$

$\frac{b}{a}=\sqrt{1-e^2}$,求得长短半轴比。

比较 $a_1$ 与 $a_3$ 项,得

$$\frac{\frac{2x_0\cos\alpha}{a^2}+\frac{2y_0\sin\alpha}{b^2}}{\frac{\cos^2\alpha}{a^2}+\frac{\sin^2\alpha}{b^2}}=\frac{a_1}{a_3}$$

$$2\frac{b^2}{a^2}x_0\cos\alpha+2y_0\sin\alpha=\frac{a_1}{a_3}\left(\frac{b^2}{a^2}\cos^2\alpha+\sin^2\alpha\right) \tag{5-37}$$

比较 $a_2$ 与 $a_5$ 项,得

$$\frac{\frac{-2x_0\sin\alpha}{a^2}+\frac{2y_0\cos\alpha}{b^2}}{\frac{\sin^2\alpha}{a^2}+\frac{\cos^2\alpha}{b^2}}=\frac{a_2}{a_5}$$

即

$$-2\frac{b^2}{a^2}x_0\sin\alpha+2y_0\cos\alpha=\frac{a_2}{a_5}\left(\frac{b^2}{a^2}\sin^2\alpha+\cos^2\alpha\right) \tag{5-38}$$

联合式(5-37)与式(5-38)解出 $(x_0 \quad y_0)^{\mathrm{T}}$。

比较 $a_0$ 与 $a_3$ 项,得

$$\frac{\frac{x_0^2}{a^2}+\frac{y_0^2}{b^2}-1}{\frac{\cos^2\alpha}{a^2}+\frac{\sin^2\alpha}{b^2}}=\frac{a_0}{a_3},\quad \frac{b^2}{a^2}x_0^2+y_0^2-b^2=\frac{a_0}{a_3}\left(\frac{b^2}{a^2}\cos^2\alpha+\sin^2\alpha\right)$$

$$b^2=\frac{b^2}{a^2}x_0^2+y_0^2-\frac{a_0}{a_3}(1-e^2\cos^2\alpha) \tag{5-39}$$

$$a^2=\frac{b^2}{1-e^2} \tag{5-40}$$

比较 $a_0$ 与 $a_5$ 项,也可解得轴长

$$\frac{\frac{x_0^2}{a^2}+\frac{y_0^2}{b^2}-1}{\frac{\sin^2\alpha}{a^2}+\frac{\cos^2\alpha}{b^2}}=\frac{a_0}{a_5},\quad \frac{b^2}{a^2}x_0^2+y_0^2-b^2=\frac{a_0}{a_5}\left(\frac{b^2}{a^2}\sin^2\alpha+\cos^2\alpha\right)$$

$$b^2 = (1 - e^2)x_0^2 + y_0^2 - \frac{a_0}{a_5}(1 - e^2\sin^2\alpha) \tag{5-41}$$

### 5.3.3 拟合椭圆、双曲线算例

观测坐标如表 5-4 所示，拟合得椭圆中心坐标为(86.105 7，−73.165 4)，长半轴为 143.709 7，短半轴为 93.684 1，拟合中误差为 0.010 7。

**表 5-4　拟合椭圆坐标与残差**

| $x$ | $y$ | 点椭圆距 | $x$ 残差 | $y$ 残差 |
|---|---|---|---|---|
| 210.286 4 | −25.600 2 | 0.262 7 | −0.354 0 | −0.393 2 |
| 119.470 1 | 17.801 0 | −0.154 9 | 0.994 2 | 0.156 7 |
| −52.550 0 | −48.151 0 | 0.178 8 | 0.194 1 | −0.462 6 |
| −17.983 2 | −137.430 0 | −0.225 0 | −0.396 7 | −0.272 9 |
| 112.661 4 | −165.520 0 | 0.269 9 | −2.323 7 | 0.271 9 |
| 201.830 5 | −128.350 0 | −0.321 6 | 0.483 0 | −0.430 0 |

## §5.4　反比曲线

### 5.4.1 拟合模型

建立一个标准坐标系 $o' - x'y'$，其原点为反比曲线的中心，$x'$、$y'$ 与反比曲线的两个轴方向一致。反比曲线在 $o' - x'y'$ 中的方程

$$x'y' = k \tag{5-42}$$

由§5.2 知，直接拟合可以得到二次曲线

$$a_0 + a_1 x + a_2 y + a_3 x^2 + a_4 xy + a_5 y^2 = 0 \tag{5-43}$$

写成矩阵形式

$$a_0 + (a_1 \quad a_2)\begin{pmatrix} x \\ y \end{pmatrix} + (x \quad y)\begin{bmatrix} a_3 & \frac{a_4}{2} \\ \frac{a_4}{2} & a_5 \end{bmatrix}\begin{pmatrix} x \\ y \end{pmatrix} = 0 \tag{5-44}$$

定义正交矩阵

$$\boldsymbol{R} = \begin{pmatrix} \cos\theta & -\sin\theta \\ \sin\theta & \cos\theta \end{pmatrix} \tag{5-45}$$

使得矩阵 $\boldsymbol{R}^{\mathrm{T}}\begin{bmatrix} a_3 & \frac{a_4}{2} \\ \frac{a_4}{2} & a_5 \end{bmatrix}\boldsymbol{R}$ 的对角元为 0，令

$$\boldsymbol{R}^{\mathrm{T}}\begin{pmatrix} a_3 & \dfrac{a_4}{2} \\ \dfrac{a_4}{2} & a_5 \end{pmatrix}\boldsymbol{R} = \begin{pmatrix} r_{11} & r_{12} \\ r_{21} & r_{22} \end{pmatrix} \tag{5-46}$$

将式(5-45)代入式(5-46)便得

$$\begin{cases} r_{11} = a_3\cos^2\theta + a_4\sin\theta\cos\theta + a_5\sin^2\theta \\ r_{22} = a_3\sin^2\theta - a_4\sin\theta\cos\theta + a_5\cos^2\theta \\ r_{12} = r_{21} = -a_3\sin\theta\cos\theta + \dfrac{a_4}{2}(1-2\sin^2\theta) + a_5\sin\theta\cos\theta \end{cases} \tag{5-47}$$

由 $r_{11} = r_{22} = 0$，得

$$\begin{cases} a_3\cos^2\theta + a_4\sin\theta\cos\theta + a_5\sin^2\theta = 0 \\ a_3\sin^2\theta - a_4\sin\theta\cos\theta + a_5\cos^2\theta = 0 \end{cases} \tag{5-48}$$

即

$$\begin{cases} a_5\tan^2\theta + a_4\tan\theta + a_3 = 0 \\ a_3\tan^2\theta - a_4\tan\theta + a_5 = 0 \end{cases} \tag{5-49}$$

要使上式成立，则要

$$a_3 = -a_5 \tag{5-50}$$

拟合多项式时，若采用式(5-6)正规化，实际拟合的参数是 $a'_3$ 和 $a'_5$，它们之间的关系由式(5-12)决定，故式(5-48)相当于

$$a'_3 = -a'_5 \tag{5-51}$$

因此，要拟合反比曲线，只要在拟合平面二次曲线时，加上条件

$$\delta a'_3 + \delta a'_5 = 0 \tag{5-52}$$

拟合得到方程

$$a_0 + (a_1 \quad a_2)\boldsymbol{X} + \boldsymbol{X}^{\mathrm{T}}\boldsymbol{D}\boldsymbol{X} = 0 \tag{5-53}$$

由式(5-49)，得

$$a_5\tan^2\theta + a_4\tan\theta - a_5 = 0$$

即

$$\tan\theta = \frac{-a_4 \pm \sqrt{a_4{}^2 + 4a_5{}^2}}{2a_5} \tag{5-54}$$

上式的两个解相乘恒为 1，说明两个解相差 90°，相当于将反比曲线的坐标轴转 90°。取定一个 $\theta$ 解，由式(5-45)求出旋转矩阵 $\boldsymbol{R}$，定义新坐标

$$\boldsymbol{Y}' = \begin{pmatrix} p \\ q \end{pmatrix} = \boldsymbol{R}^{\mathrm{T}}\boldsymbol{X} \tag{5-55}$$

多项式方程为

$$\begin{aligned} & a_0 + (a_1 \quad a_2)\boldsymbol{R}\boldsymbol{Y}' + \boldsymbol{Y}'^{\mathrm{T}}\boldsymbol{R}^{\mathrm{T}}\boldsymbol{D}\boldsymbol{R}\boldsymbol{Y}' \\ & = a_0 + (b_1 \quad b_2)\boldsymbol{Y}' + \boldsymbol{Y}'^{\mathrm{T}}\begin{pmatrix} 0 & c \\ c & 0 \end{pmatrix}\boldsymbol{Y}' = 0 \end{aligned} \tag{5-56}$$

式中

$$(b_1 \quad b_2) = (a_1 \quad a_2)\boldsymbol{R} \tag{5-57}$$

$$c = r_{12} = r_{21} = -a_3\sin\theta\cos\theta + \frac{a_4}{2}(1-2\sin^2\theta) + a_5\sin\theta\cos\theta \tag{5-58}$$

展开式(5-57),得

$$a_0 + b_1 p + b_2 q + 2cpq = 0$$

即

$$\frac{a_0}{2c} + \frac{b_1}{2c}p + \frac{b_2}{2c}q + pq = 0$$

即

$$\left(p+\frac{b_2}{2c}\right)\left(q+\frac{b_1}{2c}\right) + \frac{a_0}{2c} - \frac{b_1}{2c}\frac{b_2}{2c} = 0 \tag{5-59}$$

定义新坐标

$$\boldsymbol{Y} = \begin{pmatrix} x' \\ y' \end{pmatrix} = \begin{pmatrix} p \\ q \end{pmatrix} + \begin{pmatrix} \dfrac{b_2}{2c} \\ \dfrac{b_1}{2c} \end{pmatrix} \tag{5-60}$$

代入式(5-60),得到反比曲线的标准形式

$$x'y' = k \tag{5-61}$$

式中

$$k = \frac{a_0}{2c} - \frac{b_1}{2c}\frac{b_2}{2c} \tag{5-62}$$

由式(5-55)和式(5-60)可知,新坐标与测量坐标的关系为

$$\boldsymbol{Y} = \begin{pmatrix} \dfrac{b_2}{2} \\ \dfrac{b_1}{2} \end{pmatrix} + \boldsymbol{R}^{\mathrm{T}}\boldsymbol{X}$$

### 5.4.2 拟合反比曲线算例

测定点的坐标如表 5-5 所示,拟合得反比曲线方程为 $xy = -4.0152466$,中心点坐标为(86.098 6,−73.219 5),拟合中误差为 0.012 1,主轴方向矢量为(−0.003 566 382,0.999 993 640)。

**表 5-5　拟合反比曲线坐标与残差**

| $x$ | $y$ | $x$ 残差 | $y$ 残差 |
|---|---|---|---|
| 82.107 0 | −72.218 0 | 0.035 1 | −0.008 9 |
| 84.094 0 | −71.242 0 | −0.025 6 | 0.025 4 |
| 85.566 0 | −65.194 0 | 0.003 8 | −0.060 2 |
| 86.631 0 | −81.235 0 | −0.003 0 | 0.047 6 |
| 88.117 0 | −75.200 0 | 0.008 8 | −0.008 7 |
| 90.041 0 | −74.230 0 | −0.019 6 | 0.005 1 |

# §5.5 抛物线

## 5.5.1 拟合模型

若定义一个新坐标系 $o'-x'y'$,原点为抛物线的顶点,$y'$ 轴为抛物线的轴线方向,在此坐标系内抛物线的标准方程为

$$x'^2 = cy' \tag{5-63}$$

按§5.2可以拟合二次曲线,方程为

$$a_0 + (a_1 \quad a_2)\boldsymbol{X} + \boldsymbol{X}^{\mathrm{T}}\boldsymbol{D}\boldsymbol{X} = 0 \tag{5-64}$$

若 $\boldsymbol{D}$ 的一个特征根为0,则上式齐次化可得到抛物线方程,由式(5-12)知,若采用式(5-6)正规化后拟合,$\boldsymbol{D}$ 的一个特征根为0相当于 $\boldsymbol{D}'$ 的一个特征根为0。

$\boldsymbol{D}'$ 的一个特征根满足

$$|\boldsymbol{D}' - \lambda\boldsymbol{I}| = \begin{vmatrix} a'_3 - \lambda & \dfrac{a'_4}{2} \\ \dfrac{a'_4}{2} & a'_5 - \lambda \end{vmatrix} = 0 \tag{5-65}$$

展开为

$$\lambda^2 - (a'_3 + a'_5)\lambda + a'_3 a'_5 - \frac{a'^2_4}{4} = 0 \tag{5-66}$$

当 $a'_3 a'_5 - \dfrac{a'^2_4}{4} = 0$ 时,$\boldsymbol{D}'$ 的一个特征根为0。

在拟合平面二次曲线多项式时,加条件

$$a'^2_4 - 4a'_3 a'_5 = 0 \tag{5-67}$$

线性化为

$$-2a'_5\delta a'_3 + a'_4\delta a'_4 - 2a'_3\delta a'_5 = 0$$

在式(5-67)的条件下,按§5.2拟合,得到

$$a_0 + (a_1 \quad a_2)\boldsymbol{X} + \boldsymbol{X}^{\mathrm{T}}\boldsymbol{D}\boldsymbol{X} = 0 \tag{5-68}$$

求出 $\boldsymbol{D}$ 的特征值 $\boldsymbol{\Lambda} = \begin{pmatrix} \lambda & \\ & 0 \end{pmatrix}$ 和特征向量矩阵 $\boldsymbol{R}$。

定义

$$\boldsymbol{Y}' = \begin{pmatrix} p \\ q \end{pmatrix} = \boldsymbol{R}^{\mathrm{T}}\boldsymbol{X} \tag{5-69}$$

代入式(5-68),得

$$a_0 + (a_1 \quad a_2)\boldsymbol{R}\boldsymbol{Y}' + \boldsymbol{Y}'^{\mathrm{T}}\boldsymbol{R}^{\mathrm{T}}\boldsymbol{D}\boldsymbol{R}\boldsymbol{Y}'$$

$$= a_0 + (b_1 \quad b_2)\boldsymbol{Y}' + \boldsymbol{Y}'^{\mathrm{T}}\begin{pmatrix} \lambda & \\ & 0 \end{pmatrix}\boldsymbol{Y}' = 0 \tag{5-70}$$

展开为

$$a_0 + b_1 p + b_2 q + \lambda p^2 = 0$$

即

$$\left(p + \frac{b_1}{2\lambda}\right)^2 + \frac{b_2}{\lambda}\left(q + \frac{4\lambda a_0 - b_1^2}{4\lambda b_2}\right) = 0 \tag{5-71}$$

定义新坐标

$$\boldsymbol{Y} = \begin{pmatrix} x' \\ y' \end{pmatrix} = \begin{pmatrix} p \\ q \end{pmatrix} + \begin{bmatrix} \dfrac{b_1}{\lambda} \\ \dfrac{4\lambda a_0 - b_1^2}{4\lambda b_2} \end{bmatrix} \tag{5-72}$$

代入式(5-71)，得到抛物线的标准方程为

$$x'^2 = cy' \tag{5-73}$$

式中

$$c = \frac{b_2}{\lambda} \tag{5-74}$$

测量平面坐标 $\boldsymbol{X} = (x \quad y)^{\mathrm{T}}$ 与标准坐标 $\boldsymbol{Y} = (x' \quad y')^{\mathrm{T}}$ 的关系为

$$\boldsymbol{Y} = \begin{bmatrix} \dfrac{b_1}{\lambda} \\ \dfrac{4\lambda a_0 - b_1^2}{4\lambda b_2} \end{bmatrix} + \boldsymbol{R}^{\mathrm{T}}\boldsymbol{X} \tag{5-75}$$

改写为

$$\boldsymbol{X} = \boldsymbol{X}_0 + \boldsymbol{R}\boldsymbol{Y} \tag{5-76}$$

式中

$$\boldsymbol{X}_0 = -\boldsymbol{R}\begin{bmatrix} \dfrac{b_1}{\lambda} \\ \dfrac{4\lambda a_0 - b_1^2}{4\lambda b_2} \end{bmatrix} \tag{5-77}$$

不难得到形式为 $y'^2 = cx'$ 的抛物线。

### 5.5.2 拟合抛物线算例

测得坐标如表 5-6 所示，拟合得抛物线方程 $x'^2 = 1.986\,661\,367\,513\,85y'$，顶点坐标(86.174 4，−73.368 6)，主轴单位矢量(0.751 879 343，0.659 300 730)。拟合中误差 0.010 3。

表 5-6　拟合抛物线坐标与残差

| $x$ | $y$ | $x$ 残差 | $y$ 残差 |
|---|---|---|---|
| 112.2110 | −91.2340 | 0.0082 | −0.0011 |
| 93.1330 | −75.8820 | −0.0443 | 0.0123 |
| 85.9430 | −73.8940 | −0.1062 | −0.1737 |
| 88.5990 | −82.2850 | −0.0238 | −0.0058 |
| 102.2000 | −104.0420 | −0.0001 | 0.0000 |
| 86.0360 | −73.2710 | 0.1639 | −0.5323 |

## §5.6　以其他参数拟合一般二次曲线

由§5.2知，$a_0,a_1,\cdots,a_5$ 是平面二次曲线方程的拟合系数，一般固定 $a_0$，求 $a_1,a_2,\cdots,a_5$。

由一般二次曲线

$$a_0+(a_1 \quad a_2)\boldsymbol{X}+\boldsymbol{X}^{\mathrm{T}}\boldsymbol{D}\boldsymbol{X}=0 \tag{5-78}$$

以 $\boldsymbol{\Lambda}$、$\boldsymbol{R}$ 表示 $\boldsymbol{D}$ 的特征值和特征向量矩阵，上式变为

$$a_0+(a_1 \quad a_2)\boldsymbol{X}+\boldsymbol{X}^{\mathrm{T}}\boldsymbol{R}^{\mathrm{T}}\boldsymbol{\Lambda}\boldsymbol{R}\boldsymbol{X}=0 \tag{5-79}$$

特征向量矩阵 $\boldsymbol{R}$

$$\boldsymbol{R}=\begin{pmatrix}\cos\alpha & -\sin\alpha\\ \sin\alpha & \cos\alpha\end{pmatrix} \tag{5-80}$$

拟合系数 $a_1,\cdots,a_5$ 等价于 $a_1,a_2,\lambda_1,\lambda_2,\alpha$。从前几节可以看出由于特征值有较好的性质，采用特征值为参数拟合二次曲线多项式，有利于加条件方程。

### 5.6.1 采用 $a_1,a_2,\lambda_1,\lambda_2,\alpha$ 为参数拟合

误差方程

$$\begin{aligned}v_i&=a_0+(a_1 \quad a_2)\boldsymbol{X}_i+\boldsymbol{X}_i^{\mathrm{T}}\boldsymbol{R}^{\mathrm{T}}\boldsymbol{\Lambda}\boldsymbol{R}\boldsymbol{X}_i\\&=\frac{\partial v_i}{\partial a_1}\delta a_1+\frac{\partial v_i}{\partial a_2}\delta a_2+\frac{\partial v_i}{\partial \lambda_1}\delta\lambda_1+\frac{\partial v_i}{\partial \lambda_2}\delta\lambda_2+\frac{\partial v_i}{\partial \alpha}\delta\alpha-l_i\end{aligned} \tag{5-81}$$

式中

$$l_i=-a_0-(a_1 \quad a_2)\boldsymbol{X}_i-\boldsymbol{X}_i^{\mathrm{T}}\boldsymbol{R}^{\mathrm{T}}\boldsymbol{\Lambda}\boldsymbol{R}\boldsymbol{X}_i$$

$$\frac{\partial v_i}{\partial a_1}=x_i$$

$$\frac{\partial v_i}{\partial a_2}=y_i$$

$$\frac{\partial v_i}{\partial \lambda_1}=\frac{\partial(\boldsymbol{X}_i^{\mathrm{T}}\boldsymbol{R}^{\mathrm{T}}\boldsymbol{\Lambda}\boldsymbol{R}\boldsymbol{X}_i)}{\partial\lambda_1}=\boldsymbol{X}_i^{\mathrm{T}}\boldsymbol{R}^{\mathrm{T}}\ \frac{\partial\boldsymbol{\Lambda}}{\partial\lambda_1}\boldsymbol{R}\boldsymbol{X}_i=\boldsymbol{X}_i^{\mathrm{T}}\boldsymbol{R}^{\mathrm{T}}\begin{pmatrix}1&0\\0&0\end{pmatrix}\boldsymbol{R}\boldsymbol{X}_i$$

$$\frac{\partial v_i}{\partial \lambda_2}=\boldsymbol{X}_i^{\mathrm{T}}\boldsymbol{R}^{\mathrm{T}}\begin{pmatrix}0 & 0\\0 & 1\end{pmatrix}\boldsymbol{R}\boldsymbol{X}_i$$

$$\frac{\partial v_i}{\partial \alpha}=\frac{\partial(\boldsymbol{X}_i^{\mathrm{T}}\boldsymbol{R}^{\mathrm{T}}\boldsymbol{\Lambda}\boldsymbol{R}\boldsymbol{X}_i)}{\partial \alpha}=2\boldsymbol{X}_i^{\mathrm{T}}\boldsymbol{R}^{\mathrm{T}}\boldsymbol{\Lambda}\frac{\partial \boldsymbol{R}}{\partial \alpha}\boldsymbol{X}_i=2\boldsymbol{X}_i^{\mathrm{T}}\boldsymbol{R}^{\mathrm{T}}\boldsymbol{\Lambda}\begin{pmatrix}-\sin\alpha & -\cos\alpha\\ \cos\alpha & -\sin\alpha\end{pmatrix}\boldsymbol{X}_i$$

按式(5-81)加上曲线条件，就可以拟合得到需要的曲线形式。

### 5.6.2 采用 $b_1, b_2, \lambda_1, \lambda_2, \alpha$ 为参数拟合

将式(5-79)改写成

$$\begin{aligned}&a_0+(a_1\quad a_2)\boldsymbol{R}^{\mathrm{T}}\boldsymbol{R}\boldsymbol{X}+\boldsymbol{X}^{\mathrm{T}}\boldsymbol{R}^{\mathrm{T}}\boldsymbol{\Lambda}\boldsymbol{R}\boldsymbol{X}\\&=a_0+(b_1\quad b_2)\boldsymbol{R}\boldsymbol{X}+\boldsymbol{X}^{\mathrm{T}}\boldsymbol{R}^{\mathrm{T}}\boldsymbol{\Lambda}\boldsymbol{R}\boldsymbol{X}=0\end{aligned}\tag{5-82}$$

式中，$(b_1\quad b_2)=(a_1\quad a_2)\boldsymbol{R}^{\mathrm{T}}$ 是多项式在消除交叉项后的一次项系数，$(b_1\quad b_2)$ 也有好的性质。

误差方程

$$v_i=a_0+(b_1\quad b_2)\boldsymbol{R}\boldsymbol{X}_i+\boldsymbol{X}_i^{\mathrm{T}}\boldsymbol{R}^{\mathrm{T}}\boldsymbol{\Lambda}\boldsymbol{R}\boldsymbol{X}_i$$

线性化

$$v_i=\frac{\partial v_i}{\partial b_1}\delta b_1+\frac{\partial v_i}{\partial b_2}\delta b_2+\frac{\partial v_i}{\partial \lambda_1}\delta\lambda_1+\frac{\partial v_i}{\partial \lambda_2}\delta\lambda_2+\frac{\partial v_i}{\partial \alpha}\delta\alpha-l_i\tag{5-83}$$

式中

$$\frac{\partial v_i}{\partial b_1}=(1\quad 0)\boldsymbol{R}\boldsymbol{X}_i$$

$$\frac{\partial v_i}{\partial a_2}=(0\quad 1)\boldsymbol{R}\boldsymbol{X}_i$$

$$\frac{\partial v_i}{\partial \lambda_1}=\frac{\partial(\boldsymbol{X}_i^{\mathrm{T}}\boldsymbol{R}^{\mathrm{T}}\boldsymbol{\Lambda}\boldsymbol{R}\boldsymbol{X}_i)}{\partial \lambda_1}=\boldsymbol{X}_i^{\mathrm{T}}\boldsymbol{R}^{\mathrm{T}}\frac{\partial \boldsymbol{\Lambda}}{\partial \lambda_1}\boldsymbol{R}\boldsymbol{X}_i=\boldsymbol{X}_i^{\mathrm{T}}\boldsymbol{R}^{\mathrm{T}}\begin{pmatrix}1 & 0\\0 & 0\end{pmatrix}\boldsymbol{R}\boldsymbol{X}_i$$

$$\frac{\partial v_i}{\partial \lambda_2}=\boldsymbol{X}_i^{\mathrm{T}}\boldsymbol{R}^{\mathrm{T}}\begin{pmatrix}0 & 0\\0 & 1\end{pmatrix}\boldsymbol{R}\boldsymbol{X}_i$$

$$\begin{aligned}\frac{\partial v_i}{\partial \alpha}&=(b_1\quad b_2)\frac{\partial \boldsymbol{R}}{\partial \alpha}\boldsymbol{X}_i+2\boldsymbol{X}_i^{\mathrm{T}}\boldsymbol{R}^{\mathrm{T}}\boldsymbol{\Lambda}\frac{\partial \boldsymbol{R}}{\partial \alpha}\boldsymbol{X}_i\\&=(b_1\quad b_2)\begin{pmatrix}-\sin\alpha & -\cos\alpha\\ \cos\alpha & -\sin\alpha\end{pmatrix}\boldsymbol{X}_i+2\boldsymbol{X}_i^{\mathrm{T}}\boldsymbol{R}^{\mathrm{T}}\boldsymbol{\Lambda}\begin{pmatrix}-\sin\alpha & -\cos\alpha\\ \cos\alpha & -\sin\alpha\end{pmatrix}\boldsymbol{X}_i\end{aligned}$$

$$l_i=-a_0-(b_1\quad b_2)\boldsymbol{R}\boldsymbol{X}_i-\boldsymbol{X}_i^{\mathrm{T}}\boldsymbol{R}^{\mathrm{T}}\boldsymbol{\Lambda}\boldsymbol{R}\boldsymbol{X}_i$$

按式(5-83)加上曲线条件，就可以拟合得到需要的曲线形式。

## §5.7　二次曲线的不变量

若二次曲线的方程为

$$a_0 + a_1 x + a_2 y + a_3 x^2 + a_4 xy + a_5 y^2 = 0 \tag{5-84}$$

以下 3 个量为二次曲线的不变量

$$D = \begin{vmatrix} a_3 & \frac{a_4}{2} & \frac{a_1}{2} \\ \frac{a_4}{2} & a_5 & \frac{a_2}{2} \\ \frac{a_1}{2} & \frac{a_2}{2} & a_0 \end{vmatrix}, \quad \delta = \begin{vmatrix} a_3 & \frac{a_4}{2} \\ \frac{a_4}{2} & a_5 \end{vmatrix} = a_3 a_5 - \frac{a_4^2}{4}, \quad S = a_3 + a_4 \tag{5-85}$$

这 3 个不变量的性质为

1. $\delta > 0$

① $D \neq 0$，椭圆；

② $D = 0$，非二次曲线。

2. $\delta < 0$

① $D \neq 0$，双曲线；

② $D = 0$，非二次曲线。

3. $\delta = 0$

① $D \neq 0$，抛物线；

② $D = 0$，非二次曲线。

这些性质可以作为拟合多项式的条件来拟合需要的二次曲线。

# 第6章　二次曲面拟合

## §6.1　球面

### 6.1.1 拟合模型

球面标准方程为

$$(x-x_0)^2+(y-y_0)^2+(h-h_0)^2=R^2 \tag{6-1}$$

式中，$(x_0 \quad y_0 \quad h_0)$ 是球心坐标；$R$ 是球的半径。

以 $(x_i \quad y_i \quad h_i)^{\mathrm{T}}$ 表示球表面点的观测坐标，建立误差方程

$$v_i=\sqrt{(x_i-x_0)^2+(y_i-y_0)^2+(h_i-h_0)^2}-R$$

式中，$v_i$ 相当于 $i$ 点与球面的距离。

$$v_i=\begin{pmatrix}-\dfrac{x_i-x_0}{\rho_i} & -\dfrac{y_i-y_0}{\rho_i} & -\dfrac{h_i-h_0}{\rho_i} & -1\end{pmatrix}\begin{pmatrix}\delta x_0\\ \delta y_0\\ \delta h_0\\ \delta R\end{pmatrix}-l_i \tag{6-2}$$

式中

$$\rho_i=\sqrt{(x_i-x_0)^2+(y_i-y_0)^2+(h_i-h_0)^2}-R$$

$$l_i=R-\sqrt{(x_i-x_0)^2+(y_i-y_0)^2+(h_i-h_0)^2}$$

球心坐标的迭代初值可以取为所有测定点的坐标均值，半径的迭代初值可以取为任意正数，由式(6-2)组成法方程求解，迭代至收敛。

定义新坐标

$$\boldsymbol{Y}=\begin{pmatrix}x'\\ y'\\ h'\end{pmatrix}=\boldsymbol{X}-\begin{pmatrix}x_0\\ y_0\\ h_0\end{pmatrix}$$

或

$$\boldsymbol{X}=\boldsymbol{Y}+\begin{pmatrix}x_0\\ y_0\\ h_0\end{pmatrix}$$

则式(6-1)变为

$$x'^2+y'^2+h'^2=R^2$$

### 6.1.2 拟合球面算例

测得坐标如表 6-1 所示，拟合得球心坐标(187.032 6，−78.382 7，1 045.363 3)，半径为 143.609 5，拟合中误差为 0.092 7。

表 6-1 拟合球坐标与残差

| $x$ | $y$ | $h$ | 点球距 |
|---|---|---|---|
| 153.62 | 3.989 | 932.46 | 0.086 9 |
| 89.915 | −5.267 | 969.386 | −0.255 8 |
| 180.01 | −59.28 | 903.142 | 0.060 7 |
| 204.783 | 42.755 | 970.247 | 0.0 285 |
| 79.993 | 16.983 | 1 054.974 | 0.0 723 |
| 89.62 | −123.551 | 949.755 | 0.162 3 |
| 285.391 | 10.158 | 989.71 | −0.043 7 |
| 143.244 | 25.543 | 1 133.817 | −0.284 5 |
| 158.474 | −196.14 | 968.185 | 0.052 8 |
| 319.764 | −23.489 | 1 046.427 | 0.029 2 |
| 228.021 | −17.403 | 1 168.727 | −0.022 7 |
| 85.004 | −115.646 | 1 139.649 | 0.224 3 |
| 241.736 | −209.393 | 1 025.232 | −0.217 0 |
| 284.235 | −33.134 | 1 141.093 | 0.126 1 |
| 193.791 | −97.284 | 1 187.479 | −0.083 2 |
| 169.299 | −199.153 | 1 120.8 | −0.115 2 |
| 267.82 | −180.76 | 1 105.22 | −0.115 5 |
| 262.578 | −99.679 | 1 165.977 | 0.294 3 |

## §6.2 一般二次曲面

在某空间曲面上测了 $n$ 个点的坐标 $(x_i \quad y_i \quad h_i)^{\mathrm{T}}$ $(i=1,2,\cdots,n)$，求二次曲面的方程

$$a_0+a_1x+a_2y+a_3h+a_4xy+a_5yh+a_6hx+a_7x^2+a_8y^2+a_9h^2=0 \tag{6-3}$$

即

$$a_0+(a_1 \quad a_2 \quad a_3)\begin{pmatrix}x\\y\\h\end{pmatrix}+(x \quad y \quad h)\begin{pmatrix}a_7 & \frac{a_4}{2} & \frac{a_6}{2}\\ \frac{a_4}{2} & a_8 & \frac{a_5}{2}\\ \frac{a_6}{2} & \frac{a_5}{2} & a_9\end{pmatrix}\begin{pmatrix}x\\y\\h\end{pmatrix}=0$$

简写为

$$a_0 + (a_1 \quad a_2 \quad a_3)\boldsymbol{X} + \boldsymbol{X}^{\mathrm{T}}\boldsymbol{D}\boldsymbol{X} = 0 \tag{6-4}$$

式中

$$\boldsymbol{X} = (x \quad y \quad h)^{\mathrm{T}}$$

$$\boldsymbol{D} = \begin{pmatrix} a_7 & \frac{a_4}{2} & \frac{a_6}{2} \\ \frac{a_4}{2} & a_8 & \frac{a_5}{2} \\ \frac{a_6}{2} & \frac{a_5}{2} & a_9 \end{pmatrix} \tag{6-5}$$

### 6.2.1 拟合多项式

对测定点坐标中心化

$$\begin{pmatrix} x'_i \\ y'_i \\ h'_i \end{pmatrix} = \begin{pmatrix} \frac{x_i - \bar{x}}{\Delta x} \\ \frac{y_i - \bar{y}}{\Delta y} \\ \frac{h_i - \bar{h}}{\Delta h} \end{pmatrix} \tag{6-6}$$

简写为

$$\boldsymbol{X}' = \boldsymbol{S}\boldsymbol{X} - \boldsymbol{S}\bar{\boldsymbol{X}} \tag{6-7}$$

式中

$$\boldsymbol{S} = \begin{pmatrix} \frac{1}{\Delta x} & & \\ & \frac{1}{\Delta y} & \\ & & \frac{1}{\Delta h} \end{pmatrix}$$；$\bar{\boldsymbol{X}} = (\bar{x} \quad \bar{y} \quad \bar{h})^{\mathrm{T}}$ 为坐标分量均值。

中心化后，测定点坐标 $\boldsymbol{X}' = (x'_i \quad y'_i \quad h'_i)^{\mathrm{T}}$ ( $i = 1,2,\cdots,n$ )应该满足

$$b_0 + b_1 x' + b_2 y' + b_3 h' + b_4 x'y' + b_5 y'h' + b_6 h'x' + b_7 x'^2 + b_8 y'^2 + b_9 h'^2 = 0 \tag{6-8}$$

式中，$b_0$ 认为是常数，其值可取为 3 个坐标分量范围的乘积；$b_1, b_2, \cdots, b_9$ 为待定参数，迭代初值取为 0。

列出误差方程

$$\begin{aligned} v_i = {} & x'_i \delta b_1 + y'_i \delta b_2 + h'_i \delta b_3 + x'_i y'_i \delta b_4 + y'_i h'_i \delta b_5 + h'_i x'_i \delta b_6 \\ & + x'^2_i \delta b_7 + y'^2_i \delta b_8 + h'^2_i \delta b_9 - l_i \end{aligned} \tag{6-9}$$

组成法方程，迭代至收敛，求得 $b_1, b_2, \cdots, b_9$ ，将式(6-9)写成

$$b_0 + (b_1 \quad b_2 \quad b_3)\begin{pmatrix} x' \\ y' \\ h' \end{pmatrix} + (x' \quad y' \quad h')\begin{pmatrix} b_7 & \frac{b_4}{2} & \frac{b_6}{2} \\ \frac{b_4}{2} & b_8 & \frac{b_5}{2} \\ \frac{b_6}{2} & \frac{b_5}{2} & b_9 \end{pmatrix}\begin{pmatrix} x' \\ y' \\ h' \end{pmatrix} = 0 \tag{6-10}$$

简写为

$$b_0 + (b_1 \quad b_2 \quad b_3)\boldsymbol{X}' + \boldsymbol{X}'^{\mathrm{T}}\boldsymbol{B}\boldsymbol{X}' = 0 \tag{6-11}$$

式中

$$B = \begin{pmatrix} b_7 & \frac{b_4}{2} & \frac{b_6}{2} \\ \frac{b_4}{2} & b_8 & \frac{b_5}{2} \\ \frac{b_6}{2} & \frac{b_5}{2} & b_9 \end{pmatrix} \tag{6-12}$$

将式(6-7)代入式(6-11),得

$$\begin{aligned} & b_0 + (b_1 \quad b_2 \quad b_3)\boldsymbol{X}' + \boldsymbol{X}'^{\mathrm{T}}\boldsymbol{B}\boldsymbol{X}' \\ & = b_0 + (b_1 \quad b_2 \quad b_3)\boldsymbol{S}(\boldsymbol{X} - \bar{\boldsymbol{X}}) + (\boldsymbol{X}^{\mathrm{T}} - \bar{\boldsymbol{X}}^{\mathrm{T}})\boldsymbol{SBS}(\boldsymbol{X} - \bar{\boldsymbol{X}}) \\ & = b_0 + (b_1 \quad b_2 \quad b_3)\boldsymbol{SX} - (b_1 \quad b_2 \quad b_3)\boldsymbol{S}\bar{\boldsymbol{X}} + \boldsymbol{X}^{\mathrm{T}}\boldsymbol{SBSX} - 2\bar{\boldsymbol{X}}\boldsymbol{SBSX} + \bar{\boldsymbol{X}}^{\mathrm{T}}\boldsymbol{SBS}\bar{\boldsymbol{X}} \\ & = b_0 - (b_1 \quad b_2 \quad b_3)\boldsymbol{S}\bar{\boldsymbol{X}} + \bar{\boldsymbol{X}}^{\mathrm{T}}\boldsymbol{SBS}\bar{\boldsymbol{X}} + [(b_1 \quad b_2 \quad b_3) - 2\bar{\boldsymbol{X}}\boldsymbol{SB}]\boldsymbol{SX} + \boldsymbol{X}^{\mathrm{T}}\boldsymbol{SBSX} \end{aligned}$$

上式与式(6-4)比较,求得二次曲面方程式(6-3)的系数

$$a_0 = b_0 - (b_1 \quad b_2 \quad b_3)\boldsymbol{S}\bar{\boldsymbol{X}} + \bar{\boldsymbol{X}}^{\mathrm{T}}\boldsymbol{SBS}\bar{\boldsymbol{X}} \tag{6-13}$$

$$(a_1 \quad a_2 \quad a_3) = (b_1 \quad b_2 \quad b_3)\boldsymbol{S} - 2\bar{\boldsymbol{X}}\boldsymbol{SBS} \tag{6-14}$$

$$\begin{pmatrix} a_7 & \frac{a_4}{2} & \frac{a_6}{2} \\ \frac{a_4}{2} & a_8 & \frac{a_5}{2} \\ \frac{a_6}{2} & \frac{a_5}{2} & a_9 \end{pmatrix} = \boldsymbol{S}\begin{pmatrix} b_7 & \frac{b_4}{2} & \frac{b_6}{2} \\ \frac{b_4}{2} & b_8 & \frac{b_5}{2} \\ \frac{b_6}{2} & \frac{b_5}{2} & b_9 \end{pmatrix}\boldsymbol{S} = \begin{pmatrix} \frac{b_7}{\Delta x^2} & \frac{b_4}{2\Delta x\Delta y} & \frac{b_6}{2\Delta x\Delta h} \\ \frac{b_4}{2\Delta y\Delta x} & \frac{b_8}{\Delta y^2} & \frac{b_5}{2\Delta y\Delta h} \\ \frac{b_6}{2\Delta h\Delta x} & \frac{b_5}{2\Delta h\Delta y} & \frac{b_9}{\Delta h^2} \end{pmatrix} \tag{6-15}$$

## 6.2.2 标准二次型

对式(6-3)中的二次项系数矩阵 $\boldsymbol{D}$,按§1.2中雅可比数值方法,可求得特征向量矩阵 $\boldsymbol{R}$,使得

$$\boldsymbol{R}^{\mathrm{T}}\boldsymbol{DR} = \boldsymbol{\Lambda} = \begin{pmatrix} \lambda_1 & & \\ & \lambda_2 & \\ & & \lambda_3 \end{pmatrix} \tag{6-16}$$

即

$$\boldsymbol{D} = \boldsymbol{R\Lambda R}^{\mathrm{T}} \tag{6-17}$$

式中，$\boldsymbol{\Lambda}$ 为矩阵 $\boldsymbol{D}$ 的特征值。

定义新坐标 $\boldsymbol{Y}' = \begin{pmatrix} p \\ q \\ r \end{pmatrix} = \boldsymbol{R}^{\mathrm{T}}\boldsymbol{X}$，式(6-4)变为

$$\begin{aligned} & a_0 + (a_1 \quad a_2 \quad a_3)\boldsymbol{X} + \boldsymbol{X}^{\mathrm{T}}\boldsymbol{DX} \\ & = a_0 + (a_1 \quad a_2 \quad a_3)\boldsymbol{RY}' + \boldsymbol{X}^{\mathrm{T}}\boldsymbol{R\Lambda R}^{\mathrm{T}}\boldsymbol{X} \\ & = a_0 + (b_1 \quad b_2 \quad b_3)\boldsymbol{Y}' + \boldsymbol{Y}'^{\mathrm{T}}\boldsymbol{\Lambda Y}' = 0 \end{aligned} \tag{6-18}$$

式中，$(b_1 \quad b_2 \quad b_3) = (a_1 \quad a_2 \quad a_3)\boldsymbol{R}$。

展开式(6-18)，得

$$a_0 + b_1 p + b_2 q + b_3 r + \lambda_1 p^2 + \lambda_2 q^2 + \lambda_3 r^2 = 0 \tag{6-19}$$

定义新坐标

$$\boldsymbol{Y} = \begin{pmatrix} x' \\ y' \\ h' \end{pmatrix} = \boldsymbol{Y}' + \boldsymbol{Y}_0 = \begin{pmatrix} p \\ q \\ r \end{pmatrix} + \begin{pmatrix} \dfrac{b_1}{2\lambda_1} \\ \dfrac{b_2}{2\lambda_2} \\ \dfrac{b_3}{2\lambda_3} \end{pmatrix} \tag{6-20}$$

式(6-19)变为

$$\boldsymbol{Y}^{\mathrm{T}}\boldsymbol{\Lambda Y} + c_0 = 0 \tag{6-21}$$

即

$$\lambda_1 x'^2 + \lambda_2 y'^2 + \lambda_3 h'^2 + c_0 = 0 \tag{6-22}$$

式中，$c_0 = a_0 - \left(\dfrac{b_1}{2\lambda_1}\right)^2 - \left(\dfrac{b_2}{2\lambda_2}\right)^2 - \left(\dfrac{b_3}{2\lambda_3}\right)^2$。

由式(6-20)，可得

$$\boldsymbol{Y} = \boldsymbol{Y}' + \boldsymbol{Y}_0 = \boldsymbol{Y}_0 + \boldsymbol{R}^{\mathrm{T}}\boldsymbol{X} \tag{6-23}$$

即

$$\boldsymbol{X} = -\boldsymbol{RY}_0 + \boldsymbol{RY}$$

即

$$\begin{pmatrix} x \\ y \\ h \end{pmatrix} = \begin{pmatrix} x_0 \\ y_0 \\ h_0 \end{pmatrix} + \boldsymbol{R}\begin{pmatrix} x' \\ y' \\ h' \end{pmatrix} \tag{6-24}$$

式中

$$\begin{pmatrix} x_0 \\ y_0 \\ h_0 \end{pmatrix} = -\boldsymbol{R}\begin{pmatrix} \dfrac{b_1}{2\lambda_1} \\ \dfrac{b_2}{2\lambda_2} \\ \dfrac{b_3}{2\lambda_3} \end{pmatrix}$$

### 6.2.3 几何意义

与§3.4中坐标转换公式比较可知，式(6-23)相当于测量坐标系坐标 $X$ 与新坐标系坐标 $Y$ 之间的转换关系，其中 $(x_0 \quad y_0 \quad h_0)^{\mathrm{T}}$ 是平移量，$\boldsymbol{R}$ 相当于旋转矩阵

$$\boldsymbol{R} = \boldsymbol{R}_1(\alpha)\boldsymbol{R}_2(\beta)\boldsymbol{R}_3(\gamma) \tag{6-25}$$

**1. 求旋转角方法一**

特征向量矩阵 $\boldsymbol{R}$ 中的3个特征向量相应于新坐标系的3个轴在测量坐标系中的单位矢量，即

$$\boldsymbol{R} = (e_1 \quad e_2 \quad e_3) = \begin{pmatrix} e_{11} & e_{21} & e_{31} \\ e_{12} & e_{22} & e_{32} \\ e_{13} & e_{23} & e_{33} \end{pmatrix}$$

绕测量坐标系 $x$ 轴将 $e_1$、$e_2$、$e_3$ 转过 $\alpha$ 角使得 $e_3$ 处在 $xh$ 平面内，即令

$$\tan\alpha = \frac{e_{32}}{e_{33}}$$

$$(e'_1 \quad e'_2 \quad e'_3) = \boldsymbol{R}_1(\alpha)(e_1 \quad e_2 \quad e_3) = \begin{pmatrix} e'_{11} & e'_{21} & e'_{31} \\ e'_{12} & e'_{22} & 0 \\ e'_{13} & e'_{23} & e'_{33} \end{pmatrix}$$

注意到 $e'_{32} = 0$ 。

绕测量坐标系 $y$ 轴将 $e'_1$、$e'_2$、$e'_3$ 转过 $\beta$ 角使得 $e'_3$ 与 $h$ 轴一致，即由下式求 $\beta$

$$\begin{cases} e'_{31}\cos\beta + e'_{33}\sin\beta = 0 \\ -e'_{31}\sin\beta + e'_{33}\cos\beta = 1 \end{cases}$$

这时

$$(e''_1 \quad e''_2 \quad e''_3) = \boldsymbol{R}_2(\beta)(e'_1 \quad e'_2 \quad e'_3) = \begin{pmatrix} e''_{11} & e'_{21} & 0 \\ e''_{12} & e'_{22} & 0 \\ 0 & 0 & 1 \end{pmatrix}$$

注意到前两个单位矢量的第三个元素为0，第三个单位矢量与测量坐标系 $h$ 轴一致。

绕测量坐标系 $h$ 轴将 $e''_1$、$e''_2$、$e''_3$ 转过 $\gamma$ 角使得 $e''_1$ 与 $x$ 轴一致，即按下式求 $\gamma$

$$\begin{cases} e''_{11}\cos\gamma - e''_{12}\sin\gamma = 1 \\ e''_{11}\sin\gamma + e''_{12}\cos\gamma = 0 \end{cases}$$

这时

$$(e_1''' \quad e_2''' \quad e_3''') = \boldsymbol{R}_3(\gamma)(e_1'' \quad e_2'' \quad e_3'') = \begin{pmatrix} 1 & 0 & 0 \\ 0 & \pm 1 & 0 \\ 0 & 0 & 1 \end{pmatrix}$$

注意到 $e_1'''$、$e_3'''$与测量坐标系的 $x$、$h$ 轴一致。当上式中 $e_{22}'''=1$ 时，$e_2'''$与测量坐标系的 $y$ 轴一致；当 $e_{22}'''=-1$ 时，$e_2'''$与测量坐标系的 $y$ 轴反向，说明 $e_1$、$e_2$、$e_3$ 没有构成与测量坐标系一致的左手系，可以将特征向量矩阵中的 $e_3$ 改为 $-e_3$（反号不会影响特征向量的性质），重新求旋转角。

求得旋转角 $\alpha$、$\beta$、$\gamma$ 后，显然有

$$\boldsymbol{R}_3(\gamma)\boldsymbol{R}_2(\beta)\boldsymbol{R}_1(\alpha)\boldsymbol{R} = I$$

即

$$\boldsymbol{R} = \boldsymbol{R}_1(-\alpha)\boldsymbol{R}_2(-\beta)\boldsymbol{R}_3(\gamma)$$

**2. 求旋转角方法二**

$$\boldsymbol{R}_1(\alpha) = \begin{pmatrix} 1 & 0 & 0 \\ 0 & \cos\alpha & -\sin\alpha \\ 0 & \sin\alpha & \cos\alpha \end{pmatrix}$$

$$\boldsymbol{R}_2(\beta) = \begin{pmatrix} \cos\beta & 0 & \sin\beta \\ 0 & 1 & 0 \\ -\sin\beta & 0 & \cos\beta \end{pmatrix}$$

$$\boldsymbol{R}_3(\gamma) = \begin{pmatrix} \cos\gamma & -\sin\gamma & 0 \\ \sin\gamma & \cos\gamma & 0 \\ 0 & 0 & 1 \end{pmatrix}$$

$$\boldsymbol{R} = \begin{pmatrix} \cos\beta\cos\gamma & -\cos\beta\sin\gamma & \sin\beta \\ \sin\alpha\sin\beta\cos\gamma + \cos\alpha\sin\gamma & -\sin\alpha\sin\beta\sin\gamma + \cos\alpha\cos\gamma & -\sin\alpha\cos\beta \\ -\cos\alpha\sin\beta\cos\gamma + \sin\alpha\sin\gamma & \cos\alpha\sin\beta\sin\gamma + \sin\alpha\cos\gamma & \cos\alpha\cos\beta \end{pmatrix} \tag{6-26}$$

故

$$\begin{cases} \alpha = \arctan\left[-\dfrac{\boldsymbol{R}(2,3)}{\boldsymbol{R}(3,3)}\right] + \begin{cases} 0 \\ \pi \end{cases} \\ \beta = \begin{cases} \arcsin[\boldsymbol{R}(1,3)] \\ \pi - \arcsin[\boldsymbol{R}(1,3)] \end{cases} \\ \gamma = \arctan\left[-\dfrac{\boldsymbol{R}(1,2)}{\boldsymbol{R}(1,1)}\right] + \begin{cases} 0 \\ \pi \end{cases} \end{cases} \tag{6-27}$$

在以上 $\alpha$、$\beta$、$\gamma$ 六组解中，找出一组使得由式(6-25)求出的矩阵与特征向量矩阵一致的作为 $\alpha$、$\beta$、$\gamma$ 的解。

调整式(6-16)中特征值的次序，相当于调整特征向量的次序，也就是调整特征向量矩阵中的列，这时求出的旋转角是其六组解中的另外一组，而改变任意一个特征向量的符号，相当于将新坐标相应轴的方向改为反向。

### 6.2.4 拟合标准二次曲面

测定曲面表面点坐标如表 6-2 所示。

表 6-2 拟合标准二次曲面坐标与残差

| $x$ | $y$ | $h$ | $x$ 残差 | $y$ 残差 | $h$ 残差 |
|---|---|---|---|---|---|
| 59.589 4 | −60.948 9 | 72.695 2 | 0.000 2 | 0.000 5 | −0.000 4 |
| 79.977 6 | −29.579 3 | 123.839 1 | −0.000 1 | −0.000 3 | −0.000 2 |
| 59.541 9 | −72.564 2 | −60.989 9 | −0.000 1 | −0.000 1 | −0.000 2 |
| 26.633 0 | −41.240 3 | −9.843 5 | 0.000 3 | 0.000 6 | 0.002 4 |
| 26.647 2 | −9.775 2 | 41.280 6 | −0.000 6 | −0.004 1 | 0.001 0 |
| 59.632 4 | 21.588 3 | 92.447 0 | −0.000 2 | 0.001 2 | 0.000 2 |
| 59.601 6 | −21.455 0 | −92.429 5 | −0.000 1 | −0.000 5 | 0.000 0 |
| 26.670 8 | 9.954 2 | −41.278 0 | −0.000 1 | 0.000 7 | −0.000 2 |
| 26.698 0 | 41.333 1 | 9.902 5 | 0.000 3 | −0.000 6 | −0.002 4 |
| 59.621 1 | 72.682 3 | 61.043 7 | 0.000 3 | −0.000 7 | −0.000 8 |
| 79.955 4 | 29.659 8 | −123.785 8 | 0.000 0 | −0.000 3 | 0.000 3 |
| 59.610 6 | 61.077 0 | −72.634 6 | 0.000 1 | −0.000 5 | 0.000 4 |
| 59.607 7 | 92.426 2 | −21.512 1 | −0.000 4 | 0.000 5 | −0.002 5 |

将测定点坐标中心化

$$\begin{cases} x' = x - \bar{x} \\ y' = y - \bar{y} \\ h' = h - \bar{h} \end{cases}$$

式中，$(\bar{x} \quad \bar{y} \quad \bar{h})^{\mathrm{T}}$ 为坐标分量的均值。

$$\begin{cases} \bar{x} = 0.026\,5 \\ \bar{y} = 0.042\,5 \\ \bar{h} = 53.305 \end{cases}$$

按 $(x_i' \quad y_i' \quad h_i')^{\mathrm{T}}$ 拟合得多项式，取定 $a_0' = \Delta x \Delta y \Delta h = -216\,194.455\,745\,1$，$(\Delta x \quad \Delta y \quad \Delta h)^{\mathrm{T}}$ 是坐标分量最大值与最小值之差

$$a_0' + a_1'x' + a_2'y' + a_3'h' + a_4'x'y' + a_5'y'h' + a_6'h'x' + a_7'x'^2 + a_8'y'^2 + a_9'h'^2 = 0$$

式中，各系数值见表 6-3。

表 6-3　系数 $a_i'$ 值

| $i$ | $a_i'$ 数值 |
|---|---|
| 0 | −216 194. 455 745 1 |
| 1 | 1. 573 848 138 991 17 |
| 2 | 2. 556 686 382 879 95 |
| 3 | −8 111. 472 537 048 42 |
| 4 | 1. 940 945 822 022 69×$10^{-4}$ |
| 5 | −5. 781 132 862 921 46×$10^{-4}$ |
| 6 | 8. 443 051 063 052 82×$10^{-4}$ |
| 7 | 30. 020 793 456 928 8 |
| 8 | 30. 020 694 955 374 9 |
| 9 | −76. 081 379 582 417 |

去掉中心化后，多项式为

$$a_0 + a_1 x + a_2 y + a_3 h + a_4 xy + a_5 yh + a_6 hx + a_7 x^2 + a_8 y^2 + a_9 h^2 = 0$$

式中，各系数值见表 6-4。

表 6-4　系数 $a_i$ 值

| $i$ | $a_i$ 数值 |
|---|---|
| 0 | 8. 128 947 032 266 3 |
| 1 | −6. 226 784 693 774 63×$10^{-2}$ |
| 2 | 3. 573 849 689 264 74×$10^{-2}$ |
| 3 | −0. 436 657 571 214 208 |
| 4 | 1. 940 945 822 022 69×$10^{-4}$ |
| 5 | −5. 781 132 862 921 46×$10^{-4}$ |
| 6 | 8. 443 051 063 052 82×$10^{-4}$ |
| 7 | 30. 020 793 456 928 8 |
| 8 | 30. 020 694 955 374 9 |
| 9 | −76. 081 379 582 417 |

上式改写为

$$a_0 + (a_1 \quad a_2 \quad a_3)\begin{pmatrix} x \\ y \\ h \end{pmatrix} + (x \quad y \quad h)\boldsymbol{D}\begin{pmatrix} x \\ y \\ h \end{pmatrix} = 0$$

式中

$$\boldsymbol{D} = \begin{pmatrix} a_7 & \frac{a_4}{2} & \frac{a_6}{2} \\ \frac{a_4}{2} & a_8 & \frac{a_5}{2} \\ \frac{a_6}{2} & \frac{a_5}{2} & a_9 \end{pmatrix}$$

将 $\boldsymbol{D}$ 分解为 $\boldsymbol{\Lambda}=\boldsymbol{R}^{\mathrm{T}}\boldsymbol{D}\boldsymbol{R}$，其中

$$\boldsymbol{\Lambda}=\begin{bmatrix}-76.0813795848841 & & \\ & 30.020853035858 & \\ & & 30.0206353789128\end{bmatrix}$$

$$R=\begin{bmatrix}-0.000003978738657594 & 0.852220115082693 & -0.523183405157896 \\ 0.0000027243260266095 & 0.523183405169333 & 0.852220115080605 \\ 0.999999999988374 & 0.0000019654389493 & -0.000004403335479\end{bmatrix}$$

按 $\boldsymbol{R}=\boldsymbol{R}_1(\alpha)\boldsymbol{R}_2(\beta)\boldsymbol{R}_3(\gamma)$，求得

$$\begin{cases}\alpha=89°95'89.3425'' \\ \beta=211°32'45.712668'' \\ \gamma=89°59'59.037016''\end{cases}$$

把 $\begin{bmatrix}x' \\ y' \\ h'\end{bmatrix}=\boldsymbol{R}^{\mathrm{T}}\begin{bmatrix}x \\ y \\ h\end{bmatrix}$ 代入后，多项式变为

$$a_0+(b_1 \quad b_2 \quad b_3)\begin{bmatrix}x' \\ y' \\ h'\end{bmatrix}+(x' \quad y' \quad h')\boldsymbol{\Lambda}\begin{bmatrix}x' \\ y' \\ h'\end{bmatrix}=0$$

式中

$$\begin{cases}b_1=-0.436657 \\ b_2=-0.034369 \\ b_3=0.063036\end{cases}$$

把 $\begin{bmatrix}x' \\ y' \\ h'\end{bmatrix}=\begin{bmatrix}x'' \\ y'' \\ h''\end{bmatrix}+\begin{bmatrix}\frac{b_1}{2\lambda_1} \\ \frac{b_2}{2\lambda_2} \\ \frac{b_3}{2\lambda_3}\end{bmatrix}$ 代入后，多项式变为

$$b_0+(x'' \quad y'' \quad h'')\boldsymbol{\Lambda}\begin{bmatrix}x'' \\ y'' \\ h''\end{bmatrix}=0$$

式中

$$b_0=a_0-\frac{b_1^2}{4\lambda_1}-\frac{b_2^2}{4\lambda_2}-\frac{b_3^2}{4\lambda_3}=8.12953063651063$$

## §6.3 椭球、双曲面

### 6.3.1 拟合模型

若在椭球表面上测定了一系列点的坐标 $(x_i \quad y_i \quad h_i)^{\mathrm{T}}$ ( $i=1,2,\cdots,n$ )。建

立一个标准坐标系 $Y=(x' \quad y' \quad h')^{\mathrm{T}}$，其原点为椭球(双曲面)中心，三个轴的方向与椭球(双曲面)的主轴方向一致，在此坐标系内，椭球(双曲面)的方程为

$$\pm\frac{x'^2}{a^2}\pm\frac{y'^2}{b^2}\pm\frac{h'^2}{c^2}=1 \tag{6-28}$$

按§5.2的方法，拟合得到式(6-21)，展开为

$$\lambda_1 x'^2+\lambda_2 y'^2+\lambda_3 h'^2+c_0=0 \tag{6-29}$$

$(x' \quad y' \quad h')^{\mathrm{T}}$ 与 $(x \quad y \quad h)^{\mathrm{T}}$ 的关系为

$$\begin{pmatrix} x \\ y \\ h \end{pmatrix}=\begin{pmatrix} x_0 \\ y_0 \\ h_0 \end{pmatrix}+\boldsymbol{R}\begin{pmatrix} x' \\ y' \\ h' \end{pmatrix} \tag{6-30}$$

比较式(6-26)与式(6-27)，得到椭球(双曲面)的半轴长平方为

$$\begin{cases} a^2=\left|-\dfrac{c_0}{\lambda_1}\right| \\ b^2=\left|-\dfrac{c_0}{\lambda_2}\right| \\ c^2=\left|-\dfrac{c_0}{\lambda_3}\right| \end{cases} \tag{6-31}$$

①若 $-\dfrac{c_0}{\lambda_1}$、$-\dfrac{c_0}{\lambda_2}$ 和 $-\dfrac{c_0}{\lambda_3}$ 均大于零，拟合得到的是椭球面。

②若 $-\dfrac{c_0}{\lambda_1}$、$-\dfrac{c_0}{\lambda_2}$ 和 $-\dfrac{c_0}{\lambda_3}$ 中只有一个小于零，拟合得到的是单叶双曲面。

③若 $-\dfrac{c_0}{\lambda_1}$、$-\dfrac{c_0}{\lambda_2}$ 和 $-\dfrac{c_0}{\lambda_3}$ 中两个均小于零，拟合得到的是双叶双曲面。

### 6.3.2 拟合椭球算例

测得椭球表面点坐标如表6-5所示，拟合得椭球方程

$$\frac{x^2}{20\,560.900\,450}+\frac{y^2}{20\,655.007\,839}+\frac{h^2}{20\,675.909\,198}=1$$

椭球中心点坐标和旋转角为

$$\begin{cases} x_0=65.564\,2 \\ y_0=809.070\,3 \\ h_0=-689.290\,7 \end{cases}$$

$$\begin{cases} \alpha=5.841\,970\,862\,455\,21 \\ \beta=0.939\,325\,879\,711\,564 \\ \gamma=5.484\,262\,176\,207\,07 \end{cases}$$

表 6-5 拟合椭球坐标与残差

| x | y | h | 残差 |
|---|---|---|---|
| 153.6200 | 3.9890 | 932.4600 | 0.0012 |
| 136.3390 | 44.5080 | 991.7850 | −0.0015 |
| 92.0750 | −34.5710 | 947.0340 | −0.0012 |
| 180.0100 | −59.2800 | 903.1420 | −0.0004 |
| 224.6400 | 20.4000 | 947.9430 | 0.0013 |
| 132.2940 | 52.6140 | 1065.7230 | 0.0011 |
| 89.6200 | −123.5510 | 949.7550 | 0.0008 |
| 288.9420 | −40.9380 | 951.3640 | −0.0018 |
| 280.2080 | 21.4810 | 1090.3270 | 0.0005 |
| 50.2550 | −74.2200 | 1088.8090 | −0.0005 |
| 230.8540 | −182.4430 | 956.6990 | 0.0011 |
| 280.1430 | 21.3750 | 1090.5630 | −0.0001 |
| 165.5860 | −29.2400 | 1178.4850 | −0.0018 |
| 85.0040 | −115.6460 | 1139.6490 | 0.0020 |
| 178.9050 | −221.1820 | 1035.0200 | −0.0013 |
| 322.3720 | −123.0000 | 1064.0520 | 0.0002 |
| 262.3860 | −99.5030 | 1166.0120 | −0.0003 |
| 163.7070 | −118.2340 | 1181.5210 | 0.0003 |
| 169.2990 | −199.1530 | 1120.8000 | −0.0020 |
| 237.9070 | −201.6140 | 1098.9450 | 0.0017 |
| 284.1090 | −151.8040 | 1121.6330 | −0.0010 |
| 262.5780 | −99.6790 | 1165.9770 | 0.0010 |
| 220.3680 | −160.7940 | 1158.3450 | 0.0005 |

## §6.4 抛物面、旋转双曲面

若在抛物面表面上测定了一系列点的坐标 $(x_i \quad y_i \quad h_i)^{\mathrm{T}}$ $(i=1,2,\cdots,n)$。建立一个标准坐标系 $Y=(x' \quad y' \quad h')^{\mathrm{T}}$，使得抛物面(旋转双曲面)的方程为标准方程

$$\pm\frac{x'^2}{a^2}\pm\frac{y'^2}{b^2}=h' \tag{6-32}$$

### 6.4.1 椭圆抛物面、旋转双曲面

由§5.2可知，要使得式(6-31)成立，应使得式(6-5)的三个特征根中有一个为0，即行列式

$$\begin{vmatrix} a_7 & \frac{a_4}{2} & \frac{a_6}{2} \\ \frac{a_4}{2} & a_8 & \frac{a_5}{2} \\ \frac{a_6}{2} & \frac{a_5}{2} & a_9 \end{vmatrix} = 0 \tag{6-33}$$

展开得

$$a_7a_8a_9+\frac{2}{4}a_4a_5a_6-\frac{1}{4}a_4{}^2a_9-\frac{1}{4}a_6{}^2a_8-\frac{1}{4}a_5{}^2a_7=0 \tag{6-34}$$

因此,按§5.2拟合多项式时,应该加上以下条件式

$$\begin{aligned}&(2a_5a_6-2a_4a_9)\delta a_4+(2a_4a_6-2a_5a_7)\delta a_5+(2a_4a_5-2a_6a_8)\delta a_6\\&+(4a_8a_9-a_5{}^2)\delta a_7+(4a_7a_9-a_6{}^2)\delta a_8+(4a_7a_8-a_4{}^2)\delta a_9\\&+4a_7a_8a_9+2a_4a_5a_6-a_4{}^2a_9-a_6{}^2a_8-a_5{}^2a_7=0\end{aligned} \tag{6-35}$$

加上条件式(6-34)拟合得到式(6-4)为

$$a_0+(a_1\quad a_2\quad a_3)\boldsymbol{X}+\boldsymbol{X}^{\mathrm{T}}\boldsymbol{D}\boldsymbol{X}=0 \tag{6-36}$$

求出 $\boldsymbol{D}$ 的特征值 $\boldsymbol{\Lambda}$ 和特征向量矩阵 $\boldsymbol{R}$,这时 $\boldsymbol{\Lambda}$ 为

$$\boldsymbol{\Lambda}=\begin{pmatrix}\lambda_1 & & \\ & \lambda_2 & \\ & & 0\end{pmatrix} \tag{6-37}$$

定义 $\boldsymbol{Y}'=\begin{pmatrix}p\\q\\r\end{pmatrix}=\boldsymbol{R}^{\mathrm{T}}\boldsymbol{X}$,将式(6-36)化为

$$a_0+(b_1\quad b_2\quad b_3)\boldsymbol{Y}'+\boldsymbol{Y}'^{\mathrm{T}}\boldsymbol{\Lambda}\boldsymbol{Y}'=0 \tag{6-38}$$

展开为

$$a_0+b_1p+b_2q+b_3r+\lambda_1p^2+\lambda_2q^2=0 \tag{6-39}$$

1.若 $b_3=0$

式(6-39)化为

$$\lambda_1\left(p+\frac{b_1}{2\lambda_1}\right)^2+\lambda_2\left(q+\frac{b_2}{2\lambda_2}\right)^2+a_0-\lambda_1\left(\frac{b_1}{2\lambda_1}\right)^2-\lambda_2\left(\frac{b_2}{2\lambda_2}\right)^2=0$$

定义

$$\boldsymbol{Y}=\begin{pmatrix}x''\\y''\\h''\end{pmatrix}=\boldsymbol{Y}'+\Delta\boldsymbol{Y}=\begin{pmatrix}p\\q\\r\end{pmatrix}+\begin{pmatrix}\frac{b_1}{2\lambda_1}\\\frac{b_2}{2\lambda_2}\\0\end{pmatrix} \tag{6-40}$$

得

$$\frac{x''^2}{\dfrac{a_0-\lambda_1\left(\dfrac{b_1}{2\lambda_1}\right)^2-\lambda_2\left(\dfrac{b_2}{2\lambda_2}\right)^2}{\lambda_1}}+\frac{y''^2}{\dfrac{a_0-\lambda_1\left(\dfrac{b_1}{2\lambda_1}\right)^2-\lambda_2\left(\dfrac{b_2}{2\lambda_2}\right)^2}{\lambda_2}}=1 \tag{6-41}$$

当式(6-41)两个分母异号时,为双曲面。

2.若 $b_3\neq 0$

式(6-39)化为

$$\lambda_1\left(p+\frac{b_1}{2\lambda_1}\right)^2+\lambda_2\left(q+\frac{b_2}{2\lambda_2}\right)^2+b_3r+a_0-\lambda_1\left(\frac{b_1}{2\lambda_1}\right)^2-\lambda_2\left(\frac{b_2}{2\lambda_2}\right)^2=0$$

$$\lambda_1\left(p+\frac{b_1}{2\lambda_1}\right)^2+\lambda_2\left(q+\frac{b_2}{2\lambda_2}\right)^2+b_3\left[r+\frac{a_0-\lambda_1\left(\dfrac{b_1}{2\lambda_1}\right)^2-\lambda_2\left(\dfrac{b_2}{2\lambda_2}\right)^2}{b_3}\right]=0$$

定义

$$\mathbf{Y}=\begin{bmatrix}x''\\y''\\h''\end{bmatrix}=\mathbf{Y}'+\Delta\mathbf{Y}=\begin{bmatrix}p\\q\\r\end{bmatrix}+\begin{bmatrix}\dfrac{b_1}{2\lambda_1}\\ \dfrac{b_2}{2\lambda_2}\\ \dfrac{a_0-\lambda_1\left(\dfrac{b_1}{2\lambda_1}\right)^2-\lambda_2\left(\dfrac{b_2}{2\lambda_2}\right)^2}{b_3}\end{bmatrix} \tag{6-42}$$

得

$$\frac{x''^2}{-\dfrac{b_3}{\lambda_1}}+\frac{y''^2}{-\dfrac{b_3}{\lambda_2}}=h'' \tag{6-43}$$

比较式(6-43)与式(6-32),可得

$$\begin{cases}a^2=\left|-\dfrac{b_3}{\lambda_1}\right|\\ b^2=\left|-\dfrac{b_3}{\lambda_2}\right|\end{cases} \tag{6-44}$$

式中,当 $-\dfrac{b_3}{\lambda_1}$ 与 $-\dfrac{b_3}{\lambda_2}$ 同号时为椭圆抛物面,异号时为双曲抛物面。

参考§5.2,测量坐标系坐标与新坐标系坐标的关系为

$$\begin{bmatrix}x\\y\\h\end{bmatrix}=\begin{bmatrix}x_0\\y_0\\h_0\end{bmatrix}+R\begin{bmatrix}x''\\y''\\h''\end{bmatrix} \tag{6-45}$$

## 6.4.2 旋转抛物面

标准方程为

$$\pm x''^2 \pm y''^2 = a^2 h' \tag{6-46}$$

对于旋转抛物面，除了第三个特征根为 0 的条件式(6-34)外，还需要加上另外两个特征根相等的条件。即第二个条件方程

$$(a_7 + a_8 + a_9)^2 + (a_4{}^2 + a_6{}^2 + a_5{}^2 - 4a_7a_8 - 4a_7a_9 - 4a_8a_9) = 0 \tag{6-47}$$

线性化为

$$\begin{aligned}&(2a_4)\delta a_4 + (2a_5)\delta a_5 + (2a_6)\delta a_6 + (2a_7 - 2a_8 - 2a_9)\delta a_7 + \\ &\quad (2a_8 - 2a_8 - 2a_9)\delta a_8 + (2a_9 - 2a_7 - 2a_8)\delta a_9 + \\ &\quad (a_7 + a_8 + a_9)^2 + (a_4{}^2 + a_6{}^2 + a_5{}^2 - 4a_7a_8 - 4a_7a_9 - 4a_8a_9) = 0\end{aligned} \tag{6-48}$$

在式(6-34)和式(6-47)两个条件下，拟合多项式，得

$$a_0 + b_1 x' + b_2 y' + b_3 h' + \lambda_1 x'^2 + \lambda_1 y'^2 = 0 \tag{6-49}$$

若 $b_3 = 0$，推导同上，若 $b_3 \neq 0$，则

$$\lambda_1\left(x' + \frac{b_1}{2\lambda_1}\right)^2 + \lambda_2\left(y' + \frac{b_2}{2\lambda_1}\right)^2 + b_3 h' + a_0 - \lambda_1\left(\frac{b_1}{2\lambda_1}\right)^2 - \lambda_1\left(\frac{b_2}{2\lambda_1}\right)^2 = 0$$

$$\lambda_1\left(x' + \frac{b_1}{2\lambda_1}\right)^2 + \lambda_1\left(y' + \frac{b_2}{2\lambda_1}\right)^2 + b_3\left[h' + \frac{a_0 - \lambda_1\left(\frac{b_1}{2\lambda_1}\right)^2 - \lambda_1\left(\frac{b_2}{2\lambda_1}\right)^2}{b_3}\right] = 0$$

定义

$$\boldsymbol{Y} = \begin{bmatrix} x'' \\ y'' \\ h'' \end{bmatrix} = \boldsymbol{Y}' + \Delta\boldsymbol{Y} = \begin{bmatrix} p' \\ q' \\ r' \end{bmatrix} + \begin{bmatrix} \dfrac{b_1}{2\lambda_1} \\ \dfrac{b_2}{2\lambda_1} \\ \dfrac{a_0 - \lambda_1\left(\frac{b_1}{2\lambda_1}\right)^2 - \lambda_2\left(\frac{b_2}{2\lambda_1}\right)^2}{b_3} \end{bmatrix} \tag{6-50}$$

得

$$x''^2 + y''^2 = -\frac{b_3}{\lambda_1} h'' \tag{6-51}$$

式(6-51)与式(6-45)比较，得

$$a^2 = \left| -\frac{b_3}{\lambda_1} \right| \tag{6-52}$$

测量坐标系坐标 $(x \quad y \quad h)^{\mathrm{T}}$ 与新坐标系坐标 $(x'' \quad y'' \quad h'')^{\mathrm{T}}$ 的关系为

$$\begin{bmatrix} x \\ y \\ h \end{bmatrix} = \begin{bmatrix} x_0 \\ y_0 \\ h_0 \end{bmatrix} + \boldsymbol{R} \begin{bmatrix} x'' \\ y'' \\ h'' \end{bmatrix} \tag{6-53}$$

### 6.4.3 拟合抛物面算例

1. 拟合椭圆抛物面算例

测得坐标如表 6-6 所示,拟合得旋转抛物面方程为

$$\frac{x^2}{-2.53456430928737}+\frac{y^2}{-4.28377689907676}=h$$

中心点坐标和旋转角为

$$\begin{cases} x_0=-36.0596 \\ y_0=80.9306 \\ h_0=-0.4092 \end{cases}$$

$$\begin{cases} \alpha=316^\circ00'00.168023'' \\ \beta=356^\circ36'00.175366'' \\ \gamma=55^\circ42'06.561972'' \end{cases}$$

拟合中误差为 0.001 3。

表 6-6 拟合抛物面坐标与残差

| $x$ | $y$ | $h$ | 残差 |
|---|---|---|---|
| 78.324 0 | −36.950 0 | −12.506 0 | 0.000 2 |
| 85.733 0 | −31.357 0 | 1.455 0 | −0.000 1 |
| 80.072 0 | −24.385 0 | −0.217 0 | −0.000 6 |
| 83.553 0 | −14.095 0 | 11.239 0 | 0.000 9 |
| 92.700 0 | −27.844 0 | 5.214 0 | 0.000 1 |
| 86.019 0 | −9.739 0 | 15.011 0 | −0.000 6 |
| 81.345 0 | −14.781 0 | 0.918 0 | −0.000 2 |
| 82.615 0 | −10.966 0 | 6.577 0 | 0.000 3 |
| 89.999 0 | −21.461 0 | −12.301 0 | 0.000 0 |
| 100.569 0 | −33.725 0 | −15.239 0 | 0.000 0 |

2. 拟合旋转抛物面算例

测得坐标如表 6-7 所示,拟合得旋转抛物面方程为

$$x^2+y^2=-2.53410276774373h$$

中心点坐标和旋转角为

$$\begin{cases} x_0=-87.5055 \\ y_0=13.8896 \\ h_0=-0.4148 \end{cases}$$

$$\begin{cases} \alpha=315^\circ59'57.784959'' \\ \beta=356^\circ36'03.344868'' \\ \gamma=358^\circ44'13.908152'' \end{cases}$$

拟合中误差为 0.006 07。

表 6-7　拟合旋转抛物面坐标与残差

| $x$ | $y$ | $h$ | 残差 |
|---|---|---|---|
| 78.929 0 | −44.020 0 | −19.827 0 | 0.000 2 |
| 82.488 0 | −30.251 0 | −0.618 0 | 0.006 1 |
| 87.751 0 | −35.625 0 | −1.398 0 | −0.000 8 |
| 79.404 0 | −35.166 0 | −13.073 0 | −0.003 9 |
| 82.941 0 | −21.236 0 | 6.262 0 | −0.004 9 |
| 90.362 0 | −33.243 0 | 0.353 0 | 0.000 0 |
| 81.881 0 | −17.373 0 | 2.271 0 | 0.000 2 |
| 82.950 0 | −14.885 0 | 2.518 0 | 0.000 8 |
| 95.177 0 | −28.147 0 | 0.076 0 | 0.002 8 |
| 87.174 0 | −21.432 0 | −11.506 0 | 0.001 9 |
| 88.946 0 | −27.837 0 | −20.487 0 | 0.001 9 |
| 96.698 0 | −26.034 0 | −10.480 0 | −0.004 3 |

# §6.5　圆锥面

若在圆锥面表面上测定了一系列点的坐标 $(x_i \quad y_i \quad h_i)^{\mathrm{T}}$ $(i=1,2,\cdots,n)$。建立一个标准坐标系 $\boldsymbol{Y}=(x' \quad y' \quad h')^{\mathrm{T}}$，使得圆锥面的方程为标准方程

$$\frac{x'^2}{a^2}+\frac{y'^2}{b^2}=h'^2 \tag{6-54}$$

## 6.5.1 椭圆锥面

将圆锥面的方程写为

$$\boldsymbol{Y}^{\mathrm{T}}\boldsymbol{\Lambda}\boldsymbol{Y}=0 \tag{6-55}$$

式中

$$\boldsymbol{Y}=(x' \quad y' \quad h')^{\mathrm{T}}$$

$$\boldsymbol{\Lambda}=\begin{bmatrix}\lambda_1 & & \\ & \lambda_2 & \\ & & \lambda_3\end{bmatrix}$$

对照式(6-54)与式(6-55)，可得

$$\begin{bmatrix}\lambda_1\\ \lambda_2\\ \lambda_3\end{bmatrix}=\begin{bmatrix}\dfrac{1}{a^2}\\ \dfrac{1}{b^2}\\ -1\end{bmatrix} \tag{6-56}$$

$\boldsymbol{Y}$ 与测量坐标系坐标 $\boldsymbol{X}=(x \quad y \quad h)^{\mathrm{T}}$ 之间的关系可以表示为

$$\boldsymbol{Y}=\boldsymbol{X}_0'+\boldsymbol{R}^{\mathrm{T}}\boldsymbol{X} \tag{6-57}$$

式中，$\boldsymbol{X}_0'=(x_0' \quad y_0' \quad h_0')^{\mathrm{T}}$ 为平移量（与 $\boldsymbol{X}=\boldsymbol{X}_0+\boldsymbol{RY}$ 中的 $\boldsymbol{X}_0$ 的关系是 $\boldsymbol{X}_0'=-\boldsymbol{R}^{\mathrm{T}}\boldsymbol{X}_0$），旋转矩阵 $\boldsymbol{R}=\boldsymbol{R}_1(\alpha)\boldsymbol{R}_2(\beta)\boldsymbol{R}_3(\gamma)$ 。

将式(6-57)代入式(6-55)，得

$$(\boldsymbol{X}_0'+\boldsymbol{R}^{\mathrm{T}}\boldsymbol{X})^{\mathrm{T}}\boldsymbol{\Lambda}(\boldsymbol{X}_0'+\boldsymbol{R}^{\mathrm{T}}\boldsymbol{X})=0$$

$$\boldsymbol{X}_0'^{\mathrm{T}}\boldsymbol{\Lambda}\boldsymbol{X}_0'+2\boldsymbol{X}^{\mathrm{T}}\boldsymbol{R}\boldsymbol{\Lambda}\boldsymbol{X}_0'+\boldsymbol{X}^{\mathrm{T}}\boldsymbol{R}\boldsymbol{\Lambda}\boldsymbol{R}^{\mathrm{T}}\boldsymbol{X}=0 \tag{6-58}$$

上式中的参数为 $\boldsymbol{X}_0'=(x_0' \quad y_0' \quad h_0')^{\mathrm{T}}$、$\lambda_1$、$\lambda_2$、$\alpha$、$\beta$、$\gamma$ 。

若测定点坐标 $(x_i \quad y_i \quad h_i)^{\mathrm{T}}$ 正好落在椭圆锥面上，则应满足式(6-58)，不满足的部分就是残差，因此列出误差方程

$$v_i=\boldsymbol{X}_0'^{\mathrm{T}}\boldsymbol{\Lambda}\boldsymbol{X}_0'+2\boldsymbol{X}_i^{\mathrm{T}}\boldsymbol{R}\boldsymbol{\Lambda}\boldsymbol{X}_0'+\boldsymbol{X}_i^{\mathrm{T}}\boldsymbol{R}\boldsymbol{\Lambda}\boldsymbol{R}^{\mathrm{T}}\boldsymbol{X}_i \tag{6-59}$$

对其线性化

$$v_i=\frac{\partial v_i}{\partial \boldsymbol{X}_0'}\delta\boldsymbol{X}_0'+\frac{\partial v_i}{\partial \lambda_1}\delta\lambda_1+\frac{\partial v_i}{\partial \lambda_2}\delta\lambda_2+\frac{\partial v_i}{\partial \lambda_3}\delta\lambda_3+\frac{\partial v_i}{\partial \alpha}\delta\alpha+\frac{\partial v_i}{\partial \beta}\delta\beta+\frac{\partial v_i}{\partial \gamma}\delta\gamma-l_i \tag{6-60}$$

式中

$$\frac{\partial v_i}{\partial X_0'}=2\boldsymbol{X}_0'^{\mathrm{T}}\boldsymbol{\Lambda}+2\boldsymbol{X}_i^{\mathrm{T}}\boldsymbol{R}\boldsymbol{\Lambda}$$

$$\frac{\partial v_i}{\partial \lambda_1}=\boldsymbol{X}_0'^{\mathrm{T}}\begin{pmatrix}1&&\\&0&\\&&0\end{pmatrix}\boldsymbol{X}_0'+2\boldsymbol{X}_i^{\mathrm{T}}\boldsymbol{R}\begin{pmatrix}1&&\\&0&\\&&0\end{pmatrix}\boldsymbol{X}_0'+\boldsymbol{X}_i^{\mathrm{T}}\boldsymbol{R}\begin{pmatrix}1&&\\&0&\\&&0\end{pmatrix}\boldsymbol{R}^{\mathrm{T}}\boldsymbol{X}_i$$

$$\frac{\partial v_i}{\partial \lambda_2}=\boldsymbol{X}_0'^{\mathrm{T}}\begin{pmatrix}0&&\\&1&\\&&0\end{pmatrix}\boldsymbol{X}_0+2\boldsymbol{X}_i^{\mathrm{T}}\boldsymbol{R}\begin{pmatrix}0&&\\&1&\\&&0\end{pmatrix}\boldsymbol{X}_0'+\boldsymbol{X}_i^{\mathrm{T}}\boldsymbol{R}\begin{pmatrix}0&&\\&1&\\&&0\end{pmatrix}\boldsymbol{R}^{\mathrm{T}}\boldsymbol{X}_i$$

$$\frac{\partial v_i}{\partial \lambda_3}=\boldsymbol{X}_0'^{\mathrm{T}}\begin{pmatrix}0&&\\&0&\\&&1\end{pmatrix}\boldsymbol{X}_0'+2\boldsymbol{X}_i^{\mathrm{T}}\boldsymbol{R}\begin{pmatrix}0&&\\&0&\\&&1\end{pmatrix}\boldsymbol{X}_0'+\boldsymbol{X}_i^{\mathrm{T}}\boldsymbol{R}\begin{pmatrix}0&&\\&0&\\&&1\end{pmatrix}\boldsymbol{R}^{\mathrm{T}}\boldsymbol{X}_i$$

$$\frac{\partial v_i}{\partial \alpha}=2\boldsymbol{X}_i^{\mathrm{T}}\frac{\partial \boldsymbol{R}}{\partial \alpha}\boldsymbol{\Lambda}\boldsymbol{X}_0'+2\boldsymbol{X}_i^{\mathrm{T}}\frac{\partial \boldsymbol{R}}{\partial \alpha}\boldsymbol{\Lambda}\boldsymbol{R}^{\mathrm{T}}\boldsymbol{X}_i$$

$$\frac{\partial v_i}{\partial \beta}=2\boldsymbol{X}_i^{\mathrm{T}}\frac{\partial \boldsymbol{R}}{\partial \beta}\boldsymbol{\Lambda}\boldsymbol{X}_0'+2\boldsymbol{X}_i^{\mathrm{T}}\frac{\partial \boldsymbol{R}}{\partial \beta}\boldsymbol{\Lambda}\boldsymbol{R}^{\mathrm{T}}\boldsymbol{X}_i$$

$$\frac{\partial v_i}{\partial \gamma}=2\boldsymbol{X}^{\mathrm{T}}\frac{\partial \boldsymbol{R}}{\partial \gamma}\boldsymbol{\Lambda}\boldsymbol{X}_0'+2\boldsymbol{X}^{\mathrm{T}}\frac{\partial \boldsymbol{R}}{\partial \gamma}\boldsymbol{\Lambda}\boldsymbol{R}^{\mathrm{T}}\boldsymbol{X}$$

$$\frac{\partial \boldsymbol{R}}{\partial \alpha}=\frac{\partial \boldsymbol{R}_1(\alpha)}{\partial \alpha}\boldsymbol{R}_2(\beta)\boldsymbol{R}_3(\gamma)$$

$$\frac{\partial \boldsymbol{R}}{\partial \beta}=\boldsymbol{R}_1(\alpha)\frac{\partial \boldsymbol{R}_2(\beta)}{\partial \beta}\boldsymbol{R}_3(\gamma)$$

$$\frac{\partial \boldsymbol{R}}{\partial \gamma}=\boldsymbol{R}_1(\alpha)\boldsymbol{R}_2(\beta)\frac{\boldsymbol{R}_3(\gamma)}{\partial \gamma}$$

$$l_i=-\boldsymbol{X}_0'^{\mathrm{T}}\boldsymbol{\Lambda}\boldsymbol{X}_0'-2\boldsymbol{X}_i^{\mathrm{T}}\boldsymbol{R}\boldsymbol{\Lambda}\boldsymbol{X}_0'-\boldsymbol{X}_i^{\mathrm{T}}\boldsymbol{R}\boldsymbol{\Lambda}\boldsymbol{R}^{\mathrm{T}}\boldsymbol{X}_i$$

实际求解时不计算 $\frac{\partial v_i}{\partial \lambda_3}$，或固定 $\lambda_3$，为了确定参数的迭代初值，可以先按一般的二次曲面方程拟合，将符号与另两个特征根不一致的排在第三特征根位置，求出平移量和旋转角作为 $\boldsymbol{X}_0'$ 和 $\alpha$、$\beta$、$\gamma$ 的初值，前两个特征根除第三特征根取正值作为 $\lambda_1$、$\lambda_2$ 的初值，$\lambda_3$ 的值取定为 $-1$。

迭代收敛后，由式(6-55)，得

$$(x''\quad y''\quad h'')^{\mathrm{T}}\begin{pmatrix}\lambda_1 & & \\ & \lambda_2 & \\ & & -1\end{pmatrix}\begin{pmatrix}x''\\ y''\\ h''\end{pmatrix}=0 \tag{6-61}$$

与标准方程式(6-54)比较，可得

$$\begin{cases}a^2=\dfrac{1}{\lambda_1}\\ b^2=\dfrac{1}{\lambda_2}\end{cases} \tag{6-62}$$

### 6.5.2 圆锥面 1

标准方程

$$x''^2+y''^2=a^2h''^2 \tag{6-63}$$

在误差方程 6-59 求解时，$\lambda_1$、$\lambda_2$ 的初值取成一致，并加两个特征根相等的条件

$$\lambda_1=\lambda_2 \tag{6-64}$$

即

$$\delta\lambda_1-\delta\lambda_2=0 \tag{6-65}$$

迭代至收敛，类似得到

$$a^2=\frac{1}{\lambda_1} \tag{6-66}$$

### 6.5.3 圆锥面 2

圆锥面在标准坐标系内的方程

$$x''^2+y''^2=a^2h''^2 \tag{6-67}$$

如图 6-1 所示，过测定点 $p$ 作 $x''y''$ 平面的平行面，与 $h''$ 轴交于 $p'''$，直线 $pp'''$ 与圆锥面的交点为 $p''$，$p$ 点在圆锥面上的垂直投影点为 $p'$。

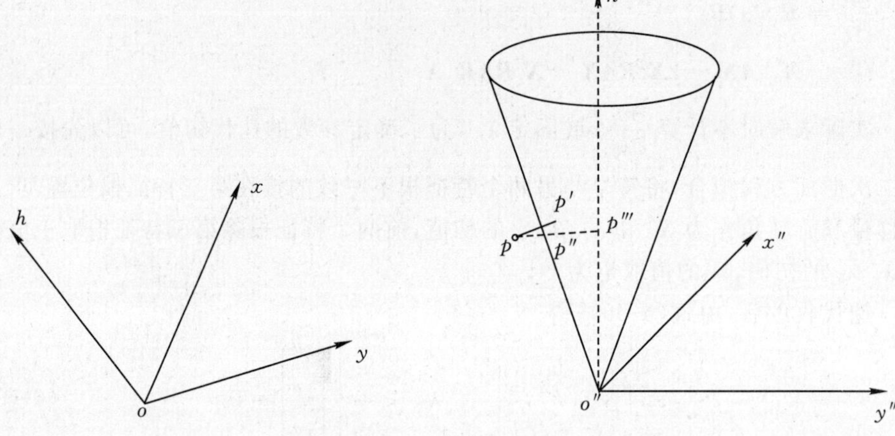


图 6-1 圆锥面拟合

以 $(x,y,h)$ 表示 $p$ 点的测量坐标，以 $(x'',y'',h'')$ 表示 $p$ 点的标准坐标，则 $pp''$ 的长度为

$$v = \sqrt{x''^2 + y''^2} - ah''$$

显然，$pp'$ 的长度为 $\dfrac{v}{\sqrt{1+a^2}}$，与 $pp''$ 的长度差常数倍数。即以 $pp'$ 的长度作为残差和以 $pp''$ 的长度作为残差拟合效果是一样的。

标准坐标为

$$\boldsymbol{Y} = -\boldsymbol{R}^{\mathrm{T}}\boldsymbol{X}_0 + \boldsymbol{R}^{\mathrm{T}}\boldsymbol{X} = \boldsymbol{R}^{\mathrm{T}}(\boldsymbol{X} - \boldsymbol{X}_0)$$

对测量点 $i$ 列出误差方程

$$v_i = \sqrt{(\boldsymbol{X}_i - \boldsymbol{X}_0)^{\mathrm{T}}\boldsymbol{R}\begin{pmatrix}1 & & \\ & 1 & \\ & & 0\end{pmatrix}\boldsymbol{R}^{\mathrm{T}}(\boldsymbol{X}_i - \boldsymbol{X}_0)} - a(0 \quad 0 \quad 1)\boldsymbol{R}^{\mathrm{T}}(\boldsymbol{X} - \boldsymbol{X}_0)$$

式中，参数有 $x_0$、$y_0$、$h_0$、$\alpha$、$\beta$、$a$，而 $\gamma = 0$ 不参与求解。

记

$$t = \sqrt{(\boldsymbol{X}_i - \boldsymbol{X}_0)^{\mathrm{T}}\boldsymbol{R}\begin{pmatrix}1 & & \\ & 1 & \\ & & 0\end{pmatrix}\boldsymbol{R}^{\mathrm{T}}(\boldsymbol{X}_i - \boldsymbol{X}_0)}$$

则线形化偏导数为

$$\frac{\partial v_i}{\partial \boldsymbol{X}_0} = -\frac{1}{t}\boldsymbol{R}\begin{pmatrix}1 & & \\ & 1 & \\ & & 0\end{pmatrix}\boldsymbol{R}^{\mathrm{T}}(\boldsymbol{X}_i - \boldsymbol{X}_0) + a(0 \quad 0 \quad 1)\boldsymbol{R}^{\mathrm{T}}$$

$$\frac{\partial v_i}{\partial a} = -(0 \quad 0 \quad 1)\boldsymbol{R}^{\mathrm{T}}(\boldsymbol{X} - \boldsymbol{X}_0)$$

$$\frac{\partial v_i}{\partial \alpha} = \frac{1}{t}(\boldsymbol{X}_i - \boldsymbol{X}_0)^{\mathrm{T}} \frac{\partial \boldsymbol{R}}{\partial \alpha} \begin{bmatrix} 1 & & \\ & 1 & \\ & & 0 \end{bmatrix} \boldsymbol{R}^{\mathrm{T}}(\boldsymbol{X}_i - \boldsymbol{X}_0)$$

$$- a(0 \quad 0 \quad 1) \frac{\partial \boldsymbol{R}^{\mathrm{T}}}{\partial \alpha}(\boldsymbol{X} - \boldsymbol{X}_0)$$

$$\frac{\partial v_i}{\partial \beta} = \frac{1}{t}(\boldsymbol{X}_i - \boldsymbol{X}_0)^{\mathrm{T}} \frac{\partial \boldsymbol{R}}{\partial \beta} \begin{bmatrix} 1 & & \\ & 1 & \\ & & 0 \end{bmatrix} \boldsymbol{R}^{\mathrm{T}}(\boldsymbol{X}_i - \boldsymbol{X}_0)$$

$$- a(0 \quad 0 \quad 1) \frac{\partial \boldsymbol{R}^{\mathrm{T}}}{\partial \beta}(\boldsymbol{X} - \boldsymbol{X}_0)$$

$$l_i = a(0 \quad 0 \quad 1)\boldsymbol{R}^{\mathrm{T}}(\boldsymbol{X}_i - \boldsymbol{X}_0) - \sqrt{(\boldsymbol{X}_i - \boldsymbol{X}_0)^{\mathrm{T}} \boldsymbol{R} \begin{bmatrix} 1 & & \\ & 1 & \\ & & 0 \end{bmatrix} \boldsymbol{R}^{\mathrm{T}}(\boldsymbol{X}_i - \boldsymbol{X}_0)}$$

## 6.5.4 算例

### 1. 拟合椭圆锥面算例

测得点坐标如表 6-8 所示，拟合得方程

$$\frac{x^2}{2.534\,506\,320\,868\,45} + \frac{y^2}{5.702\,631\,775\,265\,26} = h^2$$

中心点坐标为(−5.290 1,7.912 6,−6.299 8)，旋转角为

$$\begin{cases} \alpha = 9°59'58.851\,52'' \\ \beta = 0°36'00.181\,851'' \\ \gamma = 13°00'00.638\,96'' \end{cases}$$

表 6-8　拟合椭圆锥面坐标与残差

| $x$ | $y$ | $h$ | 残差 |
|---|---|---|---|
| −59.704 0 | −125.622 0 | 53.832 0 | −0.008 4 |
| −73.265 0 | −66.384 0 | 54.230 0 | 0.020 5 |
| −86.792 0 | −8.782 0 | 64.551 0 | −0.016 3 |
| −100.212 0 | 46.976 0 | 84.741 0 | 0.011 7 |
| −1.554 0 | −107.752 0 | 30.169 0 | −0.014 7 |
| −15.190 0 | −46.887 0 | 21.259 0 | 0.010 8 |
| −28.696 0 | 10.666 0 | 31.558 0 | 0.018 1 |
| −42.039 0 | 64.870 0 | 61.095 0 | −0.029 2 |
| 56.938 0 | −94.434 0 | 31.935 0 | 0.003 2 |
| 43.232 0 | −33.473 0 | 23.039 0 | 0.017 3 |

续表

| x | y | h | 残差 |
|---|---|---|---|
| 29.725 0 | 24.117 0 | 33.364 0 | 0.008 7 |
| 16.499 0 | 78.251 0 | 62.845 0 | 0.006 9 |
| 115.664 0 | −85.508 0 | 59.094 0 | 0.033 3 |
| 102.044 0 | −26.179 0 | 59.508 0 | −0.082 1 |
| 88.573 0 | 31.353 0 | 69.816 0 | 0.044 2 |
| 75.208 0 | 87.157 0 | 89.999 0 | −0.005 2 |

**2. 拟合圆锥面算例 1**

测得点坐标如表 6-9 所示，拟合得方程

$$x^2 + y^2 = 2.534\,485\,732\,943\,07h^2$$

中心点坐标为(0.446 1,9.506 7,−6.299 6)，旋转角为

$$\begin{cases}\alpha = 9°59'59.085\,57'' \\ \beta = 0°36'00.182\,039'' \\ \gamma = 49°27'20.878\,697''\end{cases}$$

**表 6-9 拟合圆锥面坐标与残差 1**

| x | y | h | 残差 |
|---|---|---|---|
| −125.777 7 | −18.873 0 | 79.890 5 | −0.123 6 |
| −90.141 6 | 29.319 0 | 59.541 6 | −0.143 1 |
| −54.467 2 | 77.639 1 | 59.572 1 | 0.040 5 |
| −18.867 0 | 125.890 7 | 79.959 5 | 0.153 7 |
| −77.550 9 | −54.500 2 | 59.538 5 | 0.072 3 |
| −41.908 8 | −6.335 4 | 26.623 6 | 0.008 9 |
| −6.259 2 | 41.934 2 | 26.631 9 | 0.048 1 |
| 29.395 8 | 90.263 0 | 59.628 4 | 0.051 3 |
| −29.327 2 | −90.225 1 | 59.592 8 | −0.080 2 |
| 6.343 3 | −41.944 4 | 26.645 8 | 0.083 6 |
| 42.023 7 | 6.352 1 | 26.695 7 | 0.111 1 |
| 77.693 3 | 54.541 2 | 59.627 2 | −0.118 9 |
| 18.937 1 | −125.869 7 | 79.952 9 | 0.173 0 |
| 54.606 2 | −77.572 1 | 59.587 9 | 0.032 7 |
| 90.262 9 | −29.340 8 | 59.618 3 | −0.148 9 |
| 125.930 6 | 18.897 2 | 79.987 6 | −0.067 6 |

**3. 拟合圆锥面算例 2**

测得点坐标如表 6-10 所示，拟合得方程

$$x^2 + y^2 = 1.591\,993\,520\,037\,53^2 h^2$$

中心点坐标为(−5.290 1,7.910 0,−6.299 5)，旋转角为

$$\begin{cases}\alpha = 350°07'10.8739'' \\ \beta = 1°39'44.8874'' \\ \gamma = 0°00'00.0000''\end{cases}$$

拟合中误差为 0.000 26。

表 6-10　拟合圆锥面坐标与残差 2

| $x$ 测量 | $y$ 测量 | $h$ 测量 | $x$ 标准 | $y$ 标准 | $h$ 标准 | 残差 |
|---|---|---|---|---|---|---|
| −110.691 0 | −44.435 0 | 87.064 0 | −107.764 4 | −67.588 8 | 79.904 1 | −0.000 7 |
| −91.323 0 | 37.912 0 | 48.417 0 | −87.709 9 | 20.168 3 | 56.532 3 | −0.000 2 |
| −81.829 0 | −53.203 0 | 75.542 0 | −78.541 5 | −74.249 7 | 67.891 2 | −0.000 1 |
| −55.812 0 | 57.457 0 | 29.360 0 | −51.766 4 | 42.693 4 | 42.148 4 | 0.000 7 |
| −41.618 0 | 119.427 0 | 44.354 0 | −38.315 4 | 101.171 5 | 67.954 5 | 0.000 6 |
| −33.896 0 | 17.884 0 | 11.894 0 | −29.163 5 | 6.704 3 | 18.797 0 | −0.000 5 |
| −23.693 0 | −68.729 0 | 64.998 0 | −20.051 4 | −87.736 2 | 56.531 6 | 0.000 3 |
| 1.987 0 | 39.946 0 | 7.063 0 | 6.732 7 | 29.268 1 | 18.864 7 | 0.000 0 |
| 11.788 0 | −49.116 0 | 45.892 0 | 15.863 1 | −65.135 7 | 42.110 3 | 0.000 2 |
| 45.781 0 | 97.747 0 | 37.087 0 | 49.362 4 | 81.060 0 | 59.615 4 | −0.000 2 |
| 61.127 0 | 30.420 0 | 30.635 0 | 65.221 5 | 15.838 6 | 42.159 2 | 0.000 0 |
| 64.632 0 | −84.906 0 | 88.974 0 | 67.631 7 | −107.787 3 | 79.929 9 | 0.000 6 |
| 84.089 0 | −2.605 0 | 50.334 0 | 87.775 2 | −20.076 7 | 56.559 6 | −0.000 5 |
| 104.854 0 | 87.785 0 | 57.777 0 | 107.868 8 | 67.695 5 | 79.995 1 | −0.000 3 |

# §6.6　圆柱面、双曲柱面

## 6.6.1 椭圆柱面、双曲柱面

如图 6-2 所示，圆柱面的标准方程

$$\pm\frac{x''^2}{a^2} \pm \frac{x''^2}{b^2} = 1 \tag{6-68}$$

即

$$\boldsymbol{Y}^{\mathrm{T}}\boldsymbol{\Lambda}\boldsymbol{Y} = 1 \tag{6-69}$$

式中

$$\boldsymbol{Y} = (x'' \quad y'' \quad h'')^{\mathrm{T}}$$

$$\boldsymbol{\Lambda} = \begin{bmatrix}\lambda_1 & & \\ & \lambda_2 & \\ & & \lambda_3\end{bmatrix}$$

对照式(6-68)与式(6-69)，可得

$$\begin{pmatrix} |\lambda_1| \\ |\lambda_2| \\ \lambda_3 \end{pmatrix} = \begin{pmatrix} \frac{1}{a^2} \\ \frac{1}{b^2} \\ 0 \end{pmatrix} \tag{6-70}$$

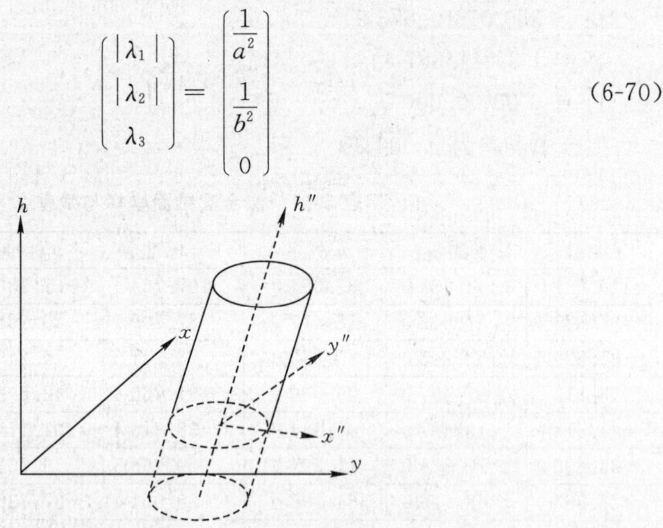


图 6-2　圆柱面

标准坐标系 $\boldsymbol{Y}$ 与测量坐标系坐标 $\boldsymbol{X}=(x \quad y \quad h)^{\mathrm{T}}$ 之间的关系可以表示为

$$\boldsymbol{X}=\boldsymbol{X}_0+\boldsymbol{R}\boldsymbol{Y} \tag{6-71}$$

式中，$\boldsymbol{X}_0=(x_0 \quad y_0 \quad h_0)^{\mathrm{T}}$ 为平移量；旋转矩阵 $\boldsymbol{R}=\boldsymbol{R}_1(\alpha)\boldsymbol{R}_2(\beta)\boldsymbol{R}_3(\gamma)$ 。如果将 $\boldsymbol{Y}$ 的原点定义为圆柱中轴与 $\boldsymbol{X}$ 坐标系的 $xy$ 平面交点，则 $h_0=0$ 。

将式(6-71)代入式(6-69)，得

$$(-\boldsymbol{R}^{\mathrm{T}}\boldsymbol{X}_0+\boldsymbol{R}^{\mathrm{T}}\boldsymbol{X})^{\mathrm{T}}\boldsymbol{\Lambda}(-\boldsymbol{R}^{\mathrm{T}}\boldsymbol{X}_0+\boldsymbol{R}^{\mathrm{T}}\boldsymbol{X})=1 \tag{6-72}$$

$$\boldsymbol{X}_0^{\mathrm{T}}\boldsymbol{R}\boldsymbol{\Lambda}\boldsymbol{R}^{\mathrm{T}}\boldsymbol{X}_0-2\boldsymbol{X}_0^{\mathrm{T}}\boldsymbol{R}\boldsymbol{\Lambda}\boldsymbol{R}^{\mathrm{T}}\boldsymbol{X}+\boldsymbol{X}^{\mathrm{T}}\boldsymbol{R}\boldsymbol{\Lambda}\boldsymbol{R}^{\mathrm{T}}\boldsymbol{X}=1$$

式中的参数为 $x_0$ 、$y_0$ 、$\lambda_1$ 、$\lambda_2$ 、$\alpha$ 、$\beta$ 、$\gamma$ ，定义误差方程为

$$v_i=\boldsymbol{X}_0{}^{\mathrm{T}}\boldsymbol{R}\boldsymbol{\Lambda}\boldsymbol{R}^{\mathrm{T}}\boldsymbol{X}_0-2\boldsymbol{X}_0{}^{\mathrm{T}}\boldsymbol{R}\boldsymbol{\Lambda}\boldsymbol{R}^{\mathrm{T}}\boldsymbol{X}_i+\boldsymbol{X}_i^{\mathrm{T}}\boldsymbol{R}\boldsymbol{\Lambda}\boldsymbol{R}^{\mathrm{T}}\boldsymbol{X}_i-1$$

线形化上式，得

$$\frac{\partial v_i}{\partial \boldsymbol{X}_0}=2\boldsymbol{X}_0{}^{\mathrm{T}}\boldsymbol{R}\boldsymbol{\Lambda}\boldsymbol{R}^{\mathrm{T}}-2\boldsymbol{X}_i^{\mathrm{T}}\boldsymbol{R}\boldsymbol{\Lambda}\boldsymbol{R}^{\mathrm{T}}$$

$$\frac{\partial v_i}{\partial \lambda_1}=\boldsymbol{X}_0{}^{\mathrm{T}}\boldsymbol{R}\begin{pmatrix}1 & & \\ & 0 & \\ & & 0\end{pmatrix}\boldsymbol{R}^{\mathrm{T}}\boldsymbol{X}_0-2\boldsymbol{X}_0{}^{\mathrm{T}}\boldsymbol{R}\begin{pmatrix}1 & & \\ & 0 & \\ & & 0\end{pmatrix}\boldsymbol{R}^{\mathrm{T}}\boldsymbol{X}_i+\boldsymbol{X}_i^{\mathrm{T}}\boldsymbol{R}\begin{pmatrix}1 & & \\ & 0 & \\ & & 0\end{pmatrix}\boldsymbol{R}^{\mathrm{T}}\boldsymbol{X}_i$$

$$\frac{\partial v_i}{\partial \lambda_2}=\boldsymbol{X}_0{}^{\mathrm{T}}\boldsymbol{R}\begin{pmatrix}0 & & \\ & 1 & \\ & & 0\end{pmatrix}\boldsymbol{R}^{\mathrm{T}}\boldsymbol{X}_0-2\boldsymbol{X}_0{}^{\mathrm{T}}\boldsymbol{R}\begin{pmatrix}0 & & \\ & 1 & \\ & & 0\end{pmatrix}\boldsymbol{R}^{\mathrm{T}}\boldsymbol{X}_i+\boldsymbol{X}_i^{\mathrm{T}}\boldsymbol{R}\begin{pmatrix}0 & & \\ & 1 & \\ & & 0\end{pmatrix}\boldsymbol{R}^{\mathrm{T}}\boldsymbol{X}_i$$

$$\frac{\partial v_i}{\partial \alpha}=2\boldsymbol{X}_0^{\mathrm{T}}\frac{\partial \boldsymbol{R}}{\partial \alpha}\boldsymbol{\Lambda}\boldsymbol{R}^{\mathrm{T}}\boldsymbol{X}_0-2\boldsymbol{X}_0^{\mathrm{T}}\frac{\partial \boldsymbol{R}}{\partial \alpha}\boldsymbol{\Lambda}\boldsymbol{R}^{\mathrm{T}}\boldsymbol{X}_i-2\boldsymbol{X}_0^{\mathrm{T}}\boldsymbol{R}\boldsymbol{\Lambda}\frac{\partial \boldsymbol{R}^{\mathrm{T}}}{\partial \alpha}\boldsymbol{X}_i$$
$$+2\boldsymbol{X}_i^{\mathrm{T}}\frac{\partial \boldsymbol{R}}{\partial \alpha}\boldsymbol{\Lambda}\boldsymbol{R}^{\mathrm{T}}\boldsymbol{X}_i$$

$$\frac{\partial v_i}{\partial \beta} = 2\boldsymbol{X}_0^{\mathrm{T}} \frac{\partial \boldsymbol{R}}{\partial \beta}\boldsymbol{\Lambda}\boldsymbol{R}^{\mathrm{T}}\boldsymbol{X}_0 - 2\boldsymbol{X}_0^{\mathrm{T}} \frac{\partial \boldsymbol{R}}{\partial \beta}\boldsymbol{\Lambda}\boldsymbol{R}^{\mathrm{T}}\boldsymbol{X}_i - 2\boldsymbol{X}_0^{\mathrm{T}}\boldsymbol{R}\boldsymbol{\Lambda} \frac{\partial \boldsymbol{R}^{\mathrm{T}}}{\partial \beta}\boldsymbol{X}_i + 2\boldsymbol{X}_i^{\mathrm{T}} \frac{\partial \boldsymbol{R}}{\partial \beta}\boldsymbol{\Lambda}\boldsymbol{R}^{\mathrm{T}}\boldsymbol{X}_i$$

$$\frac{\partial v_i}{\partial \gamma} = 2\boldsymbol{X}_0^{\mathrm{T}} \frac{\partial \boldsymbol{R}}{\partial \gamma}\boldsymbol{\Lambda}\boldsymbol{R}^{\mathrm{T}}\boldsymbol{X}_0 - 2\boldsymbol{X}_0^{\mathrm{T}} \frac{\partial \boldsymbol{R}}{\partial \gamma}\boldsymbol{\Lambda}\boldsymbol{R}^{\mathrm{T}}\boldsymbol{X}_i - 2\boldsymbol{X}_0^{\mathrm{T}}\boldsymbol{R}\boldsymbol{\Lambda} \frac{\partial \boldsymbol{R}^{\mathrm{T}}}{\partial \gamma}\boldsymbol{X}_i + 2\boldsymbol{X}_i^{\mathrm{T}} \frac{\partial \boldsymbol{R}}{\partial \gamma}\boldsymbol{\Lambda}\boldsymbol{R}^{\mathrm{T}}\boldsymbol{X}_i$$

$$\frac{\partial \boldsymbol{R}}{\partial \alpha} = \frac{\partial \boldsymbol{R}_1(\alpha)}{\partial \alpha}\boldsymbol{R}_2(\beta)\boldsymbol{R}_3(\gamma)$$

$$\frac{\partial \boldsymbol{R}}{\partial \beta} = \boldsymbol{R}_1(\alpha)\frac{\partial \boldsymbol{R}_2(\beta)}{\partial \beta}\boldsymbol{R}_3(\gamma)$$

$$\frac{\partial \boldsymbol{R}}{\partial \gamma} = \boldsymbol{R}_1(\alpha)\boldsymbol{R}_2(\beta)\frac{\boldsymbol{R}_3(\gamma)}{\partial \gamma}$$

常数项为

$$l_i = 1 - \boldsymbol{X}_0{}^{\mathrm{T}}\boldsymbol{R}\boldsymbol{\Lambda}\boldsymbol{R}^{\mathrm{T}}\boldsymbol{X}_0 + 2\boldsymbol{X}_0{}^{\mathrm{T}}\boldsymbol{R}\boldsymbol{\Lambda}\boldsymbol{R}^{\mathrm{T}}\boldsymbol{X}_i - \boldsymbol{X}_i^{\mathrm{T}}\boldsymbol{R}\boldsymbol{\Lambda}\boldsymbol{R}^{\mathrm{T}}\boldsymbol{X}_i \tag{6-73}$$

若 $\lambda_1$ 与 $\lambda_2$ 的符号相同,拟合得到的是椭圆柱面,符号相异是双曲柱面;若 $\lambda_1$ 与 $\lambda_2$ 中还有一个为零,则拟合得到的是抛物柱面,方程形式为 $y''^2 = cx''$。

### 6.6.2 圆柱体 1

标准方程

$$x''^2 + y''^2 = a^2$$

在建立误差时,加两个特征根相等的条件和旋转角 $\gamma = 0$,即

$$\begin{cases}\lambda_1 = \lambda_2 \\ \gamma = 0\end{cases} \tag{6-74}$$

即

$$\begin{cases}\delta\lambda_1 - \delta\lambda_2 = 0 \\ \delta\gamma = 0\end{cases} \tag{6-75}$$

迭代至收敛,类似得到

$$a^2 = \frac{1}{\lambda_1} \tag{6-76}$$

### 6.6.3 圆柱体 2

在标准坐标系内,测量点至圆柱体表面的距离为

$$v_i = \sqrt{x_i''^2 + y_i''^2} - a \tag{6-77}$$

式中,$a$ 为圆柱体半径。若以 $v_i$ 作为残差,最小二乘后,标准坐标定义为

$$\boldsymbol{Y} = -\boldsymbol{R}^{\mathrm{T}}\boldsymbol{X}_0 + \boldsymbol{R}^{\mathrm{T}}\boldsymbol{X} = \boldsymbol{R}^{\mathrm{T}}(\boldsymbol{X} - \boldsymbol{X}_0) \tag{6-78}$$

$$v_i = \sqrt{(\boldsymbol{X}_i - \boldsymbol{X}_0)^{\mathrm{T}}\boldsymbol{R}\begin{bmatrix}1 & & \\ & 1 & \\ & & 0\end{bmatrix}\boldsymbol{R}^{\mathrm{T}}(\boldsymbol{X}_i - \boldsymbol{X}_0)} - a \tag{6-79}$$

式中，参数有 $x_0$ 、$y_0$ 、$\alpha$ 、$\beta$ 、$a$ ，而 $h_0 = 0$ 、$\gamma = 0$ 不参与求解。

记

$$t = \sqrt{(\boldsymbol{X}_i - \boldsymbol{X}_0)^{\mathrm{T}}\boldsymbol{R}\begin{bmatrix}1 & & \\ & 1 & \\ & & 0\end{bmatrix}\boldsymbol{R}^{\mathrm{T}}(\boldsymbol{X}_i - \boldsymbol{X}_0)}$$

则偏导数为

$$\frac{\partial v_i}{\partial \boldsymbol{X}_0} = -\frac{1}{t}\boldsymbol{R}\begin{bmatrix}1 & & \\ & 1 & \\ & & 0\end{bmatrix}\boldsymbol{R}^{\mathrm{T}}(\boldsymbol{X}_i - \boldsymbol{X}_0)$$

$$\frac{\partial v_i}{\partial a} = -1$$

$$\frac{\partial v_i}{\partial \alpha} = \frac{1}{t}(\boldsymbol{X}_i - \boldsymbol{X}_0)^{\mathrm{T}}\frac{\partial \boldsymbol{R}}{\partial \alpha}\begin{bmatrix}1 & & \\ & 1 & \\ & & 0\end{bmatrix}\boldsymbol{R}^{\mathrm{T}}(\boldsymbol{X}_i - \boldsymbol{X}_0)$$

$$\frac{\partial v_i}{\partial \beta} = \frac{1}{t}(\boldsymbol{X}_i - \boldsymbol{X}_0)^{\mathrm{T}}\frac{\partial \boldsymbol{R}}{\partial \beta}\begin{bmatrix}1 & & \\ & 1 & \\ & & 0\end{bmatrix}\boldsymbol{R}^{\mathrm{T}}(\boldsymbol{X}_i - \boldsymbol{X}_0)$$

$$l_i = a - \sqrt{(\boldsymbol{X}_i - \boldsymbol{X}_0)^{\mathrm{T}}\boldsymbol{R}\begin{bmatrix}1 & & \\ & 1 & \\ & & 0\end{bmatrix}\boldsymbol{R}^{\mathrm{T}}(\boldsymbol{X}_i - \boldsymbol{X}_0)}$$

### 6.6.4 算例

**1. 拟合椭圆柱面算例**

测得坐标如表 6-11 所示，拟合得椭圆柱方程

$$\frac{x^2}{2.628\,985\,385\,207\,52} + \frac{x^2}{6.581\,060\,535\,209\,77} = 1$$

中心点坐标和旋转角为

$$\begin{cases} x_0 = 0.748\,4 \\ y_0 = 0.229\,0 \\ h_0 = 0.000\,0 \end{cases}$$

$$\begin{cases} x_0 = 0°56'55''279\ 988 \\ y_0 = 1°00'23''189\ 206 \\ h_0 = 359°33'51''018\ 728 \end{cases}$$

拟合中误差为 0.023 7。

表 6-11　拟合椭圆柱面坐标与残差

| x | y | h | 残差 |
|---|---|---|---|
| 2.350 0 | 0.574 0 | −0.028 0 | −0.007 8 |
| 2.927 0 | 0.670 0 | 39.976 0 | 0.008 2 |
| 3.313 0 | 0.725 0 | 79.983 0 | 0.007 7 |
| 3.554 0 | 0.551 0 | 119.988 0 | −0.010 4 |
| 3.795 0 | 0.124 0 | 159.988 0 | 0.002 6 |
| 3.876 0 | −0.609 0 | 199.986 0 | −0.010 6 |
| 4.127 0 | −1.568 0 | 239.977 0 | −0.007 3 |
| 4.370 0 | −2.792 0 | 279.964 0 | 0.043 1 |
| 4.847 0 | −4.288 0 | 319.942 0 | −0.021 8 |
| 5.470 0 | −5.778 0 | 359.917 0 | −0.023 9 |
| 6.242 0 | −7.258 0 | 399.890 0 | 0.002 3 |
| 7.190 0 | −8.685 0 | 439.860 0 | 0.026 5 |
| 8.356 0 | −9.932 0 | 479.830 0 | −0.002 8 |
| 9.591 0 | −10.875 0 | 519.805 0 | −0.023 5 |
| 10.812 0 | −11.594 0 | 559.783 0 | 0.012 2 |
| 12.071 0 | −11.953 0 | 599.767 0 | 0.009 2 |
| 13.163 0 | −12.098 0 | 639.758 0 | −0.012 9 |
| 14.153 0 | −12.136 0 | 679.752 0 | 0.004 1 |

**2. 拟合圆柱面算例 1**

按拟合圆柱面模型 1 拟合。

测得坐标如表 6-12 所示，拟合得椭圆柱方程

$$x^2 + y^2 = 6.774\ 776\ 608$$

中心点坐标和旋转角为

$$\begin{cases} x_0 = 0.718\ 0 \\ y_0 = 0.510\ 5 \\ h_0 = 0.000\ 0 \end{cases}$$

$$\begin{cases} x_0 = 0°59'45.732\ 801'' \\ y_0 = 1°00'14.011\ 318'' \\ h_0 = 0°00'00.000\ 000'' \end{cases}$$

拟合中误差为 0.021 82。

表 6-12 拟合圆柱面坐标与残差 1

| $x$ | $y$ | $h$ | 残差 |
|---|---|---|---|
| 3.312 0 | 0.545 0 | −0.045 0 | −0.006 3 |
| 3.842 0 | 0.772 0 | 39.962 0 | 0.001 9 |
| 4.138 0 | 0.772 0 | 79.969 0 | 0.004 1 |
| 4.138 0 | 0.659 0 | 119.979 0 | −0.007 0 |
| 3.951 0 | 0.327 0 | 159.989 0 | 0.023 2 |
| 3.764 0 | −0.434 0 | 199.991 0 | −0.022 6 |
| 3.617 0 | −1.412 0 | 239.989 0 | −0.001 2 |
| 3.626 0 | −2.642 0 | 279.979 0 | 0.023 3 |
| 3.931 0 | −4.165 0 | 319.960 0 | −0.037 9 |
| 4.414 0 | −5.769 0 | 359.935 0 | 0.006 9 |
| 5.259 0 | −7.313 0 | 399.906 0 | 0.010 6 |
| 6.428 0 | −8.810 0 | 439.872 0 | 0.003 0 |
| 7.841 0 | −10.093 0 | 479.837 0 | −0.001 1 |
| 9.378 0 | −11.109 0 | 519.804 0 | 0.014 0 |
| 10.939 0 | −11.775 0 | 559.778 0 | −0.013 2 |
| 12.474 0 | −12.176 0 | 599.756 0 | −0.018 4 |
| 13.930 0 | −12.311 0 | 639.740 0 | 0.016 0 |
| 15.068 0 | −12.220 0 | 679.734 0 | −0.000 8 |

**3. 拟合圆柱面算例 2**

按拟合圆柱面模型 2 拟合。

测得坐标如表 6-13 所示，拟合得椭圆柱方程

$$x^2 + y^2 = 6.766\,999\,8$$

中心点坐标和旋转角为

$$\begin{cases} x_0 = 0.718\,4 \\ y_0 = 0.513\,4 \\ h_0 = 0.000\,0 \end{cases}$$

$$\begin{cases} x_0 = 0°59'47.497\,965'' \\ y_0 = 1°00'13.587\,556'' \\ h_0 = 0°00'00.000\,000'' \end{cases}$$

拟合中误差为 0.012 2。

表 6-13 拟合圆柱面坐标与残差 2

| $x$ | $y$ | $h$ | 残差 |
|---|---|---|---|
| 3.312 0 | 0.545 0 | −0.045 0 | −0.005 5 |
| 3.842 0 | 0.772 0 | 39.962 0 | 0.002 1 |
| 4.138 0 | 0.772 0 | 79.969 0 | 0.004 1 |

续表

| $x$ | $y$ | $h$ | 残差 |
|---|---|---|---|
| 4.1380 | 0.6590 | 119.9790 | −0.0071 |
| 3.9510 | 0.3270 | 159.9890 | 0.0233 |
| 3.7640 | −0.4340 | 199.9910 | −0.0224 |
| 3.6170 | −1.4120 | 239.9890 | −0.0007 |
| 3.6260 | −2.6420 | 279.9790 | 0.0241 |
| 3.9310 | −4.1650 | 319.9600 | −0.0371 |
| 4.4140 | −5.7690 | 359.9350 | 0.0078 |
| 5.2590 | −7.3130 | 399.9060 | 0.0113 |
| 6.4280 | −8.8100 | 439.8720 | 0.0034 |
| 7.8410 | −10.0930 | 479.8370 | −0.0010 |
| 9.3780 | −11.1090 | 519.8040 | 0.0138 |
| 10.9390 | −11.7750 | 559.7780 | −0.0134 |
| 12.4740 | −12.1760 | 599.7560 | −0.0184 |
| 13.9300 | −12.3110 | 639.7400 | 0.0164 |
| 15.0680 | −12.2200 | 679.7340 | 0.0004 |

## §6.7　以特征值为参数拟合二次曲面

由 §5.2 知，二次曲面可以表示为

$$a_0+a_1x+a_2y+a_3h+a_4xy+a_5yh+a_6hx+a_7x^2+a_8y^2+a_9h^2=0 \tag{6-80}$$

式中，$a_0,a_1,\cdots,a_9$ 是二次曲面多项式系数，由曲面表面测定坐标拟合求得。

将式(6-80)表示为矩阵形式：

$$a_0+(a_1\quad a_2\quad a_3)\boldsymbol{X}+\boldsymbol{X}^{\mathrm{T}}\boldsymbol{D}\boldsymbol{X}=0 \tag{6-81}$$

式中

$$\boldsymbol{D}=\begin{pmatrix} a_7 & \dfrac{a_4}{2} & \dfrac{a_6}{2} \\ \dfrac{a_4}{2} & a_8 & \dfrac{a_5}{2} \\ \dfrac{a_6}{2} & \dfrac{a_5}{2} & a_9 \end{pmatrix} \tag{6-82}$$

以 $\boldsymbol{\Lambda}$、$\boldsymbol{R}$ 表示 $\boldsymbol{D}$ 的特征值和特征向量矩阵，则

$$\boldsymbol{R}^{\mathrm{T}}\boldsymbol{D}\boldsymbol{R}=\boldsymbol{\Lambda} \tag{6-83}$$

式中

$$\boldsymbol{\Lambda}=\begin{pmatrix} \lambda_1 & & \\ & \lambda_2 & \\ & & \lambda_3 \end{pmatrix} \tag{6-84}$$

$$\boldsymbol{R}=\boldsymbol{R}_1(\alpha)\boldsymbol{R}_2(\beta)\boldsymbol{R}_3(\gamma) \tag{6-85}$$

其中

$$\boldsymbol{R}_1(\alpha)=\begin{bmatrix}1 & 0 & 0\\ 0 & \cos\alpha & -\sin\alpha\\ 0 & \sin\alpha & \cos\alpha\end{bmatrix}$$

$$\boldsymbol{R}_2(\beta)=\begin{bmatrix}\cos\beta & 0 & -\sin\beta\\ 0 & 1 & 0\\ \sin\beta & 0 & \cos\beta\end{bmatrix}$$

$$\boldsymbol{R}_3(\gamma)=\begin{bmatrix}\cos\gamma & -\sin\gamma & 0\\ \sin\gamma & \cos\gamma & 0\\ 0 & 0 & 1\end{bmatrix}$$

代入式(6-81),得

$$a_0+(a_1\quad a_2\quad a_3)\boldsymbol{X}+\boldsymbol{X}^{\mathrm{T}}\boldsymbol{R}^{\mathrm{T}}\boldsymbol{\Lambda}\boldsymbol{R}\boldsymbol{X}=0 \tag{6-86}$$

多项式系数 $a_4,a_5,\cdots,a_9$ 与 $\lambda_1,\lambda_2,\lambda_3,\alpha,\beta,\gamma$ 可以互相表示,由于特征值 $\lambda_1,\lambda_2,\lambda_3$ 有良好的性质,旋转角 $\alpha,\beta,\gamma$ 有良好的几何意义,6 个多项式系数 $a_4,a_5,\cdots,a_9$ 可以由 $\lambda_1,\lambda_2,\lambda_3$ 和 $\alpha,\beta,\gamma$ 来替代,如§6.5 和§6.6 采用的方法。本节将讲述其他几种方法。

### 6.7.1 以 $(a_1\quad a_2\quad a_3\quad \lambda_1\quad \lambda_2\quad \lambda_3\quad \alpha\quad \beta\quad \gamma)^{\mathrm{T}}$ 为参数拟合

将二次曲面方程表示为式(6-73)。与§5.2 一样,式中的 $a_0$ 不能拟合,可以固定为三个坐标分量范围的乘积。

列出误差方程

$$v_i=a_0+(a_1\quad a_2\quad a_3)\boldsymbol{X}_i+\boldsymbol{X}_i^{\mathrm{T}}\boldsymbol{R}^{\mathrm{T}}\boldsymbol{\Lambda}\boldsymbol{R}\boldsymbol{X}_i \tag{6-87}$$

式中,代定参数为 $(a_1\quad a_2\quad a_3\quad \lambda_1\quad \lambda_2\quad \lambda_3\quad \alpha\quad \beta\quad \gamma)^{\mathrm{T}}$,对其线性化后得

$$\begin{aligned}v_i=&\frac{\partial v_i}{\partial a_1}\delta a_1+\frac{\partial v_i}{\partial a_2}\delta a_2+\frac{\partial v_i}{\partial a_3}\delta a_3+\frac{\partial v_i}{\partial \lambda_1}\delta\lambda_1\\&+\frac{\partial v_i}{\partial \lambda_2}\delta\lambda_2+\frac{\partial v_i}{\partial \lambda_3}\delta\lambda_3+\frac{\partial v_i}{\partial \alpha}\delta\alpha+\frac{\partial v_i}{\partial \beta}\delta\beta+\frac{\partial v_i}{\partial \gamma}\delta\gamma-l_i\end{aligned} \tag{6-88}$$

式中

$$\frac{\partial v_i}{\partial a_1}=x_i\ ,\ \frac{\partial v_i}{\partial a_2}=y_i\ ,\ \frac{\partial v_i}{\partial a_3}=h_i$$

$$\frac{\partial \mathrm{v_i}}{\partial \lambda_1}=\boldsymbol{X}_i^{\mathrm{T}}\boldsymbol{R}^{\mathrm{T}}\begin{bmatrix}1 & 0 & 0\\ 0 & 0 & 0\\ 0 & 0 & 0\end{bmatrix}\boldsymbol{R}\boldsymbol{X}_i$$

$$\frac{\partial v_i}{\partial \lambda_2}=\boldsymbol{X}_i^{\mathrm{T}}\boldsymbol{R}^{\mathrm{T}}\begin{pmatrix}0&0&0\\0&1&0\\0&0&0\end{pmatrix}\boldsymbol{R}\boldsymbol{X}_i$$

$$\frac{\partial v_i}{\partial \lambda_3}=\boldsymbol{X}_i^{\mathrm{T}}\boldsymbol{R}^{\mathrm{T}}\begin{pmatrix}0&0&0\\0&0&0\\0&0&1\end{pmatrix}\boldsymbol{R}\boldsymbol{X}_i$$

$$\frac{\partial v_i}{\partial \alpha}=\boldsymbol{X}_i^{\mathrm{T}}\frac{\partial \boldsymbol{R}}{\partial \alpha}\boldsymbol{\Lambda}\boldsymbol{R}^{\mathrm{T}}\boldsymbol{X}_i+\boldsymbol{X}_i^{\mathrm{T}}\boldsymbol{R}\boldsymbol{\Lambda}\frac{\partial \boldsymbol{R}^{\mathrm{T}}}{\partial \alpha}\boldsymbol{X}_i=\boldsymbol{X}_i^{\mathrm{T}}\left(\frac{\partial \boldsymbol{R}}{\partial \alpha}\boldsymbol{\Lambda}\boldsymbol{R}^{\mathrm{T}}+\boldsymbol{R}\boldsymbol{\Lambda}\frac{\partial \boldsymbol{R}^{\mathrm{T}}}{\partial \alpha}\right)\boldsymbol{X}_i$$

$$\frac{\partial v_i}{\partial \beta}=\boldsymbol{X}_i^{\mathrm{T}}\frac{\partial \boldsymbol{R}}{\partial \beta}\boldsymbol{\Lambda}\boldsymbol{R}^{\mathrm{T}}\boldsymbol{X}_i+\boldsymbol{X}_i^{\mathrm{T}}\boldsymbol{R}\boldsymbol{\Lambda}\frac{\partial \boldsymbol{R}^{\mathrm{T}}}{\partial \beta}\boldsymbol{X}_i=\boldsymbol{X}_i^{\mathrm{T}}\left(\frac{\partial \boldsymbol{R}}{\partial \beta}\boldsymbol{\Lambda}\boldsymbol{R}^{\mathrm{T}}+\boldsymbol{R}\boldsymbol{\Lambda}\frac{\partial \boldsymbol{R}^{\mathrm{T}}}{\partial \beta}\right)\boldsymbol{X}_i$$

$$\frac{\partial v_i}{\partial \gamma}=\boldsymbol{X}_i^{\mathrm{T}}\frac{\partial \boldsymbol{R}}{\partial \gamma}\boldsymbol{\Lambda}\boldsymbol{R}^{\mathrm{T}}\boldsymbol{X}_i+\boldsymbol{X}_i^{\mathrm{T}}\boldsymbol{R}\boldsymbol{\Lambda}\frac{\partial \boldsymbol{R}^{\mathrm{T}}}{\partial \gamma}\boldsymbol{X}_i=\boldsymbol{X}_i^{\mathrm{T}}\left(\frac{\partial \boldsymbol{R}}{\partial \gamma}\boldsymbol{\Lambda}\boldsymbol{R}^{\mathrm{T}}+\boldsymbol{R}\boldsymbol{\Lambda}\frac{\partial \boldsymbol{R}^{\mathrm{T}}}{\partial \gamma}\right)\boldsymbol{X}_i$$

$$\frac{\partial \boldsymbol{R}}{\partial \alpha}=\frac{\partial \boldsymbol{R}_1(\alpha)}{\partial \alpha}\boldsymbol{R}_2(\beta)\boldsymbol{R}_3(\gamma)=\begin{pmatrix}0&0&0\\0&-\sin\alpha&-\cos\alpha\\0&\cos\alpha&-\sin\alpha\end{pmatrix}\boldsymbol{R}_2(\beta)\boldsymbol{R}_3(\gamma)$$

$$\frac{\partial \boldsymbol{R}}{\partial \beta}=\boldsymbol{R}_1(\alpha)\frac{\partial \boldsymbol{R}_2(\beta)}{\partial \beta}\boldsymbol{R}_3(\gamma)=\boldsymbol{R}_1(\alpha)\begin{pmatrix}-\sin\beta&0&-\cos\beta\\0&0&0\\\cos\beta&0&-\sin\beta\end{pmatrix}\boldsymbol{R}_3(\gamma)$$

$$\frac{\partial \boldsymbol{R}}{\partial \gamma}=\boldsymbol{R}_1(\alpha)\boldsymbol{R}_2(\beta)\frac{\partial \boldsymbol{R}_3(\gamma)}{\partial \gamma}=\boldsymbol{R}_1(\alpha)\boldsymbol{R}_2(\beta)\begin{pmatrix}-\sin\gamma&-\cos\gamma&0\\\cos\gamma&-\sin\gamma&0\\0&0&0\end{pmatrix}$$

$$l_i=-a_0-(a_1\quad a_2\quad a_3)\boldsymbol{X}_i-\boldsymbol{X}_i^{\mathrm{T}}\boldsymbol{R}^{\mathrm{T}}\boldsymbol{\Lambda}\boldsymbol{R}\boldsymbol{X}_i$$

由式(6-88)加上需要的条件式,可拟合得所需二次曲面。

### 6.7.2 以 $(b_1\quad b_2\quad b_3\quad \lambda_1\quad \lambda_2\quad \lambda_3\quad \alpha\quad \beta\quad \gamma)^{\mathrm{T}}$ 为参数拟合

将二次曲面表示为

$$a_0+(a_1\quad a_2\quad a_3)\boldsymbol{X}+\boldsymbol{X}^{\mathrm{T}}\boldsymbol{D}\boldsymbol{X}=0$$

即

$$a_0+(a_1\quad a_2\quad a_3)\boldsymbol{X}+\boldsymbol{X}^{\mathrm{T}}\boldsymbol{R}^{\mathrm{T}}\boldsymbol{\Lambda}\boldsymbol{R}\boldsymbol{X}=0 \tag{6-89}$$

按式(6-18),将式中的一次项 $(a_1\quad a_2\quad a_3)$ 替换为

$$(a_1\quad a_2\quad a_3)=(b_1\quad b_2\quad b_3)\boldsymbol{R} \tag{6-90}$$

式(6-89)变为

$$a_0+(b_1\quad b_2\quad b_3)\boldsymbol{R}\boldsymbol{X}+\boldsymbol{X}^{\mathrm{T}}\boldsymbol{R}^{\mathrm{T}}\boldsymbol{\Lambda}\boldsymbol{R}\boldsymbol{X}=0 \tag{6-91}$$

式中,参数为 $(a_0\quad b_1\quad b_2\quad b_3\quad \lambda_1\quad \lambda_2\quad \lambda_3\quad \alpha\quad \beta\quad \gamma)^{\mathrm{T}}$。

固定 $a_0$,则误差方程为

$$v_i = \frac{\partial v_i}{\partial b_1}\delta b_1 + \frac{\partial v_i}{\partial b_2}\delta b_2 + \frac{\partial v_i}{\partial b_3}\delta b_3 + \frac{\partial v_i}{\partial \lambda_1}\delta\lambda_1 + \frac{\partial v_i}{\partial \lambda_2}\delta\lambda_2 + \frac{\partial v_i}{\partial \lambda_3}\delta\lambda_3 + \frac{\partial v_i}{\partial \alpha}\delta\alpha + \frac{\partial v_i}{\partial \beta}\delta\beta + \frac{\partial v_i}{\partial \gamma}\delta\gamma - l_i \tag{6-92}$$

式中

$$\frac{\partial v_i}{\partial b_1} = (1\quad 0\quad 0)\boldsymbol{RX}_i\,,\ \frac{\partial v_i}{\partial b_2} = (0\quad 1\quad 0)\boldsymbol{RX}_i\,,\ \frac{\partial v_i}{\partial b_3} = (0\quad 0\quad 1)\boldsymbol{RX}_i$$

$\frac{\partial v_i}{\partial \lambda_1}$、$\frac{\partial v_i}{\partial \lambda_2}$、$\frac{\partial v_i}{\partial \lambda_3}$同前。

$$\frac{\partial v_i}{\partial \alpha} = (b_1\quad b_2\quad b_3)\frac{\partial \boldsymbol{R}^{\mathrm{T}}}{\partial \alpha}\boldsymbol{X}_i + \boldsymbol{X}_i^{\mathrm{T}}\left(\frac{\partial \boldsymbol{R}}{\partial \alpha}\boldsymbol{\Lambda R}^{\mathrm{T}} + \boldsymbol{R\Lambda}\frac{\partial \boldsymbol{R}^{\mathrm{T}}}{\partial \alpha}\right)\boldsymbol{X}_i$$

$$\frac{\partial v_i}{\partial \beta} = (b_1\quad b_2\quad b_3)\frac{\partial \boldsymbol{R}^{\mathrm{T}}}{\partial \beta}\boldsymbol{X}_i + \boldsymbol{X}_i^{\mathrm{T}}\left(\frac{\partial \boldsymbol{R}}{\partial \beta}\boldsymbol{\Lambda R}^{\mathrm{T}} + \boldsymbol{R\Lambda}\frac{\partial \boldsymbol{R}^{\mathrm{T}}}{\partial \beta}\right)\boldsymbol{X}_i$$

$$\frac{\partial v_i}{\partial \gamma} = (b_1\quad b_2\quad b_3)\frac{\partial \boldsymbol{R}^{\mathrm{T}}}{\partial \gamma}\boldsymbol{X}_i + \boldsymbol{X}_i^{\mathrm{T}}\left(\frac{\partial \boldsymbol{R}}{\partial \gamma}\boldsymbol{\Lambda R}^{\mathrm{T}} + \boldsymbol{R\Lambda}\frac{\partial \boldsymbol{R}^{\mathrm{T}}}{\partial \gamma}\right)\boldsymbol{X}_i$$

$$l_i = -a_0 - (b_1\quad b_2\quad b_3)\boldsymbol{R}^{\mathrm{T}}\boldsymbol{X}_i + \boldsymbol{X}_i^{\mathrm{T}}\boldsymbol{R}^{\mathrm{T}}\boldsymbol{\Lambda R X}_i$$

由式(6-92)加上需要的条件式,可拟合得所需二次曲面。

## 6.7.3 以 $(x_0\quad y_0\quad h_0\quad \lambda_1\quad \lambda_2\quad \lambda_3\quad \alpha\quad \beta\quad \gamma)^{\mathrm{T}}$ 为参数拟合

在§6.5和§6.6节中,将标准坐标系坐标 $\boldsymbol{Y}$ 表示成测量坐标系坐标 $\boldsymbol{X}$ 的函数 $\boldsymbol{Y} = \boldsymbol{X}_0' + \boldsymbol{R}^{\mathrm{T}}\boldsymbol{X}$,求的参数是 $\boldsymbol{X}_0'$ 和特征值与旋转角,若将测量坐标系坐标 $\boldsymbol{X}$ 表示成标准坐标系坐标 $\boldsymbol{Y}$ 的函数

$$\boldsymbol{X} = \boldsymbol{X}_0 + \boldsymbol{RY} \tag{6-93}$$

式中,参数 $\boldsymbol{X}_0$ 与 $\boldsymbol{X}_0'$ 的关系为 $\boldsymbol{X}_0 = -\boldsymbol{RX}_0'$。

二次曲面的标准方程

$$\boldsymbol{Y}^{\mathrm{T}}\boldsymbol{\Lambda Y} = c \tag{6-94}$$

式中,$c$ 是一个常数,如对于椭球 $c=1$,对于圆锥面 $c=0$。

将式(6-93)代入式(6-94),得

$$(-\boldsymbol{R}X_0 + \boldsymbol{X})^{\mathrm{T}}\boldsymbol{\Lambda}(-\boldsymbol{RX}_0 + \boldsymbol{X}) = c \tag{6-95}$$

展开为

$$\boldsymbol{X}_0{}^{\mathrm{T}}\boldsymbol{R}^{\mathrm{T}}\boldsymbol{\Lambda R X}_0 - 2\boldsymbol{X}_0{}^{\mathrm{T}}\boldsymbol{R}^{\mathrm{T}}\boldsymbol{\Lambda R X} + \boldsymbol{X}^{\mathrm{T}}\boldsymbol{\Lambda X} - c = 0 \tag{6-96}$$

列出误差方程

$$v_i = \boldsymbol{X}_0{}^{\mathrm{T}}\boldsymbol{R}^{\mathrm{T}}\boldsymbol{\Lambda R X}_0 - 2\boldsymbol{X}_0{}^{\mathrm{T}}\boldsymbol{R}^{\mathrm{T}}\boldsymbol{\Lambda R X}_i + \boldsymbol{X}_i^{\mathrm{T}}\boldsymbol{\Lambda X}_i - c \tag{6-97}$$

线性化为

$$v_i = \frac{\partial v_i}{\partial x_0}\delta x_0 + \frac{\partial v_i}{\partial y_0}\delta y_0 + \frac{\partial v_i}{\partial h_0}\delta h_0 + \frac{\partial v_i}{\partial \lambda_1}\delta\lambda_1$$

$$+\frac{\partial v_i}{\partial \lambda_2}\delta\lambda_2+\frac{\partial v_i}{\partial \lambda_3}\delta\lambda_3+\frac{\partial v_i}{\partial \alpha}\delta\alpha+\frac{\partial v_i}{\partial \beta}\delta\beta+\frac{\partial v_i}{\partial \gamma}\delta\gamma-l_i \tag{6-98}$$

$$\frac{\partial v_i}{\partial x_0}=2\boldsymbol{X}_0{}^{\mathrm{T}}\boldsymbol{R}^{\mathrm{T}}\boldsymbol{\Lambda R}\begin{pmatrix}1\\0\\0\end{pmatrix}-2\boldsymbol{X}_i^{\mathrm{T}}\boldsymbol{R}^{\mathrm{T}}\boldsymbol{\Lambda R}\begin{pmatrix}1\\0\\0\end{pmatrix}$$

$$\frac{\partial v_i}{\partial y_0}=2\boldsymbol{X}_0{}^{\mathrm{T}}\boldsymbol{R}^{\mathrm{T}}\boldsymbol{\Lambda R}\begin{pmatrix}0\\1\\0\end{pmatrix}-2\boldsymbol{X}_i^{\mathrm{T}}\boldsymbol{R}^{\mathrm{T}}\boldsymbol{\Lambda R}\begin{pmatrix}0\\1\\0\end{pmatrix}$$

$$\frac{\partial v_i}{\partial h_0}=2\boldsymbol{X}_0{}^{\mathrm{T}}\boldsymbol{R}^{\mathrm{T}}\boldsymbol{\Lambda R}\begin{pmatrix}0\\0\\1\end{pmatrix}-2\boldsymbol{X}_i^{\mathrm{T}}\boldsymbol{R}^{\mathrm{T}}\boldsymbol{\Lambda R}\begin{pmatrix}0\\0\\1\end{pmatrix}$$

$$\frac{\partial v_i}{\partial \lambda_1}=\boldsymbol{X}_0{}^{\mathrm{T}}\boldsymbol{R}^{\mathrm{T}}\begin{pmatrix}1&&\\&0&\\&&0\end{pmatrix}\boldsymbol{R}\boldsymbol{X}_0-2\boldsymbol{X}_0{}^{\mathrm{T}}\boldsymbol{R}^{\mathrm{T}}\begin{pmatrix}1&&\\&0&\\&&0\end{pmatrix}\boldsymbol{R}\boldsymbol{X}_i+\boldsymbol{X}_i^{\mathrm{T}}\begin{pmatrix}1&&\\&0&\\&&0\end{pmatrix}\boldsymbol{X}_i$$

$$\frac{\partial v_i}{\partial \lambda_2}=\boldsymbol{X}_0{}^{\mathrm{T}}\boldsymbol{R}^{\mathrm{T}}\begin{pmatrix}0&&\\&1&\\&&0\end{pmatrix}\boldsymbol{R}\boldsymbol{X}_0-2\boldsymbol{X}_0{}^{\mathrm{T}}\boldsymbol{R}^{\mathrm{T}}\begin{pmatrix}0&&\\&1&\\&&0\end{pmatrix}\boldsymbol{R}\boldsymbol{X}_i+\boldsymbol{X}_i^{\mathrm{T}}\begin{pmatrix}0&&\\&1&\\&&0\end{pmatrix}\boldsymbol{X}_i$$

$$\frac{\partial v_i}{\partial \lambda_3}=\boldsymbol{X}_0{}^{\mathrm{T}}\boldsymbol{R}^{\mathrm{T}}\begin{pmatrix}0&&\\&0&\\&&1\end{pmatrix}\boldsymbol{R}\boldsymbol{X}_0-2\boldsymbol{X}_0{}^{\mathrm{T}}\boldsymbol{R}^{\mathrm{T}}\begin{pmatrix}0&&\\&0&\\&&1\end{pmatrix}\boldsymbol{R}\boldsymbol{X}_i+\boldsymbol{X}_i^{\mathrm{T}}\begin{pmatrix}0&&\\&0&\\&&1\end{pmatrix}\boldsymbol{X}_i$$

$$\frac{\partial v_i}{\partial \alpha}=2\boldsymbol{X}_0\boldsymbol{R}^{\mathrm{T}}\boldsymbol{\Lambda}\frac{\partial \boldsymbol{R}}{\partial \alpha}\boldsymbol{X}_0-2\boldsymbol{X}_0{}^{\mathrm{T}}\frac{\partial \boldsymbol{R}^{\mathrm{T}}}{\partial \alpha}\boldsymbol{\Lambda R}\boldsymbol{X}_0-2\boldsymbol{X}_0{}^{\mathrm{T}}\boldsymbol{R}^{\mathrm{T}}\boldsymbol{\Lambda}\frac{\partial \boldsymbol{R}}{\partial \alpha}\boldsymbol{X}_i+2\boldsymbol{X}_i\boldsymbol{R}^{\mathrm{T}}\boldsymbol{\Lambda}\frac{\partial \boldsymbol{R}}{\partial \alpha}\boldsymbol{X}_i$$

$$\frac{\partial v_i}{\partial \beta}=2\boldsymbol{X}_0\boldsymbol{R}^{\mathrm{T}}\boldsymbol{\Lambda}\frac{\partial \boldsymbol{R}}{\partial \beta}\boldsymbol{X}_0-2\boldsymbol{X}_0{}^{\mathrm{T}}\frac{\partial \boldsymbol{R}^{\mathrm{T}}}{\partial \beta}\boldsymbol{\Lambda R}\boldsymbol{X}_0-2\boldsymbol{X}_0{}^{\mathrm{T}}\boldsymbol{R}^{\mathrm{T}}\boldsymbol{\Lambda}\frac{\partial \boldsymbol{R}}{\partial \beta}\boldsymbol{X}_i+2\boldsymbol{X}_i\boldsymbol{R}^{\mathrm{T}}\boldsymbol{\Lambda}\frac{\partial \boldsymbol{R}}{\partial \beta}\boldsymbol{X}_i$$

$$\frac{\partial v_i}{\partial \gamma}=2\boldsymbol{X}_0\boldsymbol{R}^{\mathrm{T}}\boldsymbol{\Lambda}\frac{\partial \boldsymbol{R}}{\partial \gamma}\boldsymbol{X}_0-2\boldsymbol{X}_0{}^{\mathrm{T}}\frac{\partial \boldsymbol{R}^{\mathrm{T}}}{\partial \gamma}\boldsymbol{\Lambda R}\boldsymbol{X}_0-2\boldsymbol{X}_0{}^{\mathrm{T}}\boldsymbol{R}^{\mathrm{T}}\boldsymbol{\Lambda}\frac{\partial \boldsymbol{R}}{\partial \gamma}\boldsymbol{X}_i+2\boldsymbol{X}_i\boldsymbol{R}^{\mathrm{T}}\boldsymbol{\Lambda}\frac{\partial \boldsymbol{R}}{\partial \gamma}\boldsymbol{X}_i$$

$$l_i=-\boldsymbol{X}_0{}^{\mathrm{T}}\boldsymbol{R}^{\mathrm{T}}\boldsymbol{\Lambda R}\boldsymbol{X}_0+2\boldsymbol{X}_0{}^{\mathrm{T}}\boldsymbol{R}^{\mathrm{T}}\boldsymbol{\Lambda R}\boldsymbol{X}_i-\boldsymbol{X}_i^{\mathrm{T}}\boldsymbol{\Lambda}\boldsymbol{X}_i+c$$

由式(6-98)加上需要的条件式，可拟合得所需二次曲面。

## §6.8　二次曲面的不变量

若二次曲面的方程为

$$a_0+a_1x+a_2y+a_3h+a_4xy+a_5yh+a_6hx+a_7x^2+a_8y^2+a_9h^2=0 \tag{6-99}$$

以下 4 个量为二次曲线的不变量

$$\Delta=\begin{bmatrix} a_7 & \frac{a_4}{2} & \frac{a_6}{2} & \frac{a_1}{2} \\ \frac{a_4}{2} & a_8 & \frac{a_5}{2} & \frac{a_2}{2} \\ \frac{a_6}{2} & \frac{a_5}{2} & a_9 & \frac{a_3}{2} \\ \frac{a_1}{2} & \frac{a_2}{2} & \frac{a_3}{2} & a_0 \end{bmatrix},\quad \boldsymbol{D}=\begin{bmatrix} a_7 & \frac{a_4}{2} & \frac{a_6}{2} \\ \frac{a_4}{2} & a_8 & \frac{a_5}{2} \\ \frac{a_6}{2} & \frac{a_5}{2} & a_9 \end{bmatrix},$$

$$\boldsymbol{I}=a_7+a_8+a_9,\quad J=a_7a_8+a_8a_9+a_9a_7-\frac{a_4{}^2}{4}-\frac{a_5{}^2}{4}-\frac{a_6{}^2}{4} \tag{6-100}$$

这 4 个不变量的性质为

当 $D\neq 0$ 时

1. $\Delta>0$

特征值异号为单叶双曲面,特征值同号无轨迹。

2. $\Delta<0$

特征值异号为双叶双曲面,特征值同号为椭球面。

3. $\Delta=0$

特征值异号为圆锥面,特征值同号无轨迹。

当 $D=0$ 时

1. $\Delta>0$

双曲抛物面。

2. $\Delta<0$

椭圆抛物面。

3. $\Delta=0$

(1) $J\neq 0$、$\delta\neq 0$ 两个非零特征值,异号为双曲柱面,同号为椭圆柱面。

(2) $J\neq 0$、$\delta=0$ 非二次曲面。

(3) $J=0$、$\delta=0$ 抛物线柱面或非二次曲面。

这些性质可以作为拟合多项式时的条件,以得到需要的二次曲面。

# §6.9 二次曲面拟合小结

表 6-14　二次曲面拟合的各种模型

| | 方程 | 参数 | 条件 |
|---|---|---|---|
| 球面 | $x'^2+y'^2+h'^2=R^2$ | 球心坐标、半径 | |
| 椭球面 | $\frac{x'^2}{a^2}+\frac{y'^2}{b^2}+\frac{h'^2}{c^2}=1$ | (1) $a_1,a_2,\cdots,a_9$<br>(2) $(a_1\quad a_2\quad a_3\quad \lambda_1\quad \lambda_2\quad \lambda_3\quad \alpha\quad \beta\quad \gamma)^T$<br>(3) $(b_1\quad b_2\quad b_3\quad \lambda_1\quad \lambda_2\quad \lambda_3\quad \alpha\quad \beta\quad \gamma)^T$<br>(4) $(x_0\quad y_0\quad h_0\quad \lambda_1\quad \lambda_2\quad \lambda_3\quad \alpha\quad \beta\quad \gamma)^T$ | |
| 单叶双曲面 | $\frac{x'^2}{a^2}+\frac{y'^2}{b^2}-\frac{h'^2}{c^2}=1$ | 同椭球面 | |
| 双叶双曲面 | $\frac{x'^2}{a^2}-\frac{y'^2}{b^2}=1$ | $(b_1\quad b_2\quad b_3\quad \lambda_1\quad \lambda_2\quad \lambda_3\quad \alpha\quad \beta\quad \gamma)^T$ | $\lambda_3=0$<br>$b_3=0$ |
| 椭圆抛物面 | $\frac{x'^2}{a^2}+\frac{y'^2}{b^2}=h'$ | (1) $a_1,a_2,\cdots,a_9$<br>(2) $(a_1\quad a_2\quad a_3\quad \lambda_1\quad \lambda_2\quad \lambda_3\quad \alpha\quad \beta\quad \gamma)^T$<br>(3) $(b_1\quad b_2\quad b_3\quad \lambda_1\quad \lambda_2\quad \lambda_3\quad \alpha\quad \beta\quad \gamma)^T$<br>(4) $(x_0\quad y_0\quad h_0\quad \lambda_1\quad \lambda_2\quad \lambda_3\quad \alpha\quad \beta\quad \gamma)^T$ | $a_0\neq 0$<br>$\lambda_3=0$ |
| 双曲抛物面 | $\frac{x'^2}{a^2}-\frac{y'^2}{b^2}=h'$ | 同椭圆抛物面 | 同椭圆抛物面 |
| 椭圆锥面 | $\frac{x'^2}{a^2}+\frac{y'^2}{b^2}-\frac{h'^2}{c^2}=0$ | $(b_1\quad b_2\quad b_3\quad \lambda_1\quad \lambda_2\quad \lambda_3\quad \alpha\quad \beta\quad \gamma)^T$ | $a_0=0$<br>$\lambda_3=0$<br>$b_3=0$ |
| 椭圆柱面 | $\frac{x'^2}{a^2}+\frac{y'^2}{b^2}=1$ | $(b_1\quad b_2\quad b_3\quad \lambda_1\quad \lambda_2\quad \lambda_3\quad \alpha\quad \beta\quad \gamma)^T$ | $a_0\neq 0$<br>$\lambda_3=0$<br>$b_3=0$ |
| 双曲柱面 | $\frac{x'^2}{a^2}-\frac{y'^2}{b^2}=1$ | 同椭圆柱面 | 同椭圆柱面 |
| 抛物柱面 | $y'^2=cx'$ | 同椭圆柱面 | $a_0\neq 0$<br>$\lambda_3=0$ |

# 第 7 章　在隧道盾构施工中的应用

隧道盾构工程中，我们需要进行大量的数据处理，一方面，指导盾构掘进和构件安装，保证施工按设计要求进行；另一方面，对隧道盾构质量进行检测，确保工程的安全性。本章主要利用前面介绍的相关内容，介绍在盾构掘进、构件安装以及隧道的竣工测量中的数据处理方法。

## §7.1　盾构施工姿态控制

盾构掘进是隧道施工的主要技术。通过测量手段，实时确定其姿态，使其沿设计中心线掘进，是隧道施工的关键技术之一。在隧道施工前，在盾构尾端面上安装3个以上棱镜，在一个临时的任意坐标系内，测得棱镜坐标和盾构特征点的坐标，因为棱镜与盾构固连在一起，在盾构掘进过程中，其内部关系不会变化，通过观测任意时刻的棱镜坐标和盾构的前后左右倾斜，就可以通过坐标转换关系，得到盾构特征点的坐标，将其与设计值比较，便可得出盾构与设计线的偏离数据，从而指导施工。

### 7.1.1 关系测量

在盾构开始掘进前，盾构安装完成后，在盾构上安装用于全站仪观测的棱镜，空间姿态至少需要3个点决定，考虑到施工现场可能的阻挡，有时不能观测到全部棱镜，在盾构上安装倾斜仪，测定盾构前后左右的倾斜角。盾构的姿态可以用盾构上3个点决定，为了方便计算，这3个点取为切口面中心点 $F_0$、盾尾中心点 0，以及切口右测边沿点 $R$（盾构没有沿中轴旋转时，$R$ 与 0 点同高），如图 7-1 所示，图中 1、2、3 为棱镜位置，为了提高精度，棱镜位置应该尽量分布得较开。

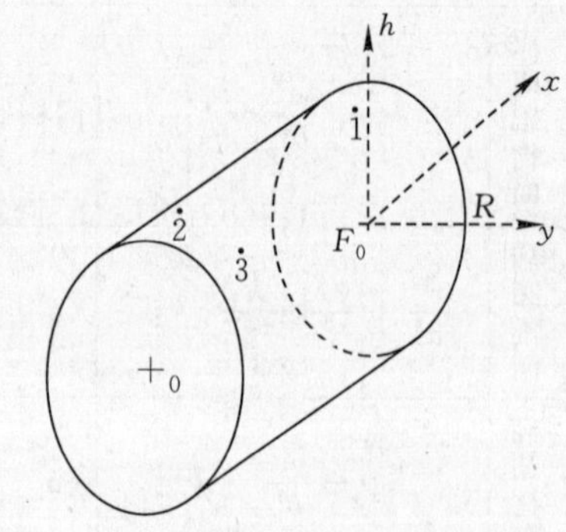


图 7-1　棱镜与盾构特征点示意图

在盾构周围布设小型控制网，测量棱镜坐标和特征点在一个坐标系内的坐标，在 0 和 $F_0$ 处没有明显标志或不能直接观测时，可以在端面圆周上测量一些点，利用§5.1 中介绍的方法，拟合出圆心坐标，$R$ 点不能直接观测时，也可通过间接测量手段获得其坐标。

测得的棱镜坐标和特征点坐标可作为初始状态保存。

## 7.1.2 盾构实时姿态测量

### 1. 棱镜坐标观测方程

在隧道施工过程中，利用盾构停机的间隙，在施工导线点上，测量棱镜坐标 $(xx_i \quad yy_i \quad hh_i)^{\mathrm{T}}\ (i=1,2,3)$，该坐标表示在工程坐标系中。它与关系测量时得到的棱镜初始坐标 $(x_i \quad y_i \quad h_i)^{\mathrm{T}}\ (i=1,2,3)$ 之间的转换关系为

$$\begin{pmatrix} xx \\ yy \\ hh \end{pmatrix} = \begin{pmatrix} x_0 \\ y_0 \\ h_0 \end{pmatrix} + \boldsymbol{R}_1(\alpha)\boldsymbol{R}_2(\beta)\boldsymbol{R}_3(\gamma)\begin{pmatrix} x \\ y \\ h \end{pmatrix} \tag{7-1}$$

式中，$(x_0 \quad y_0 \quad h_0)^{\mathrm{T}}$ 为平移量参数；$(\alpha \quad \beta \quad \gamma)^{\mathrm{T}}$ 为旋转角参数；3 个旋转矩阵为

$$\boldsymbol{R}_1(\alpha) = \begin{pmatrix} 1 & 0 & 0 \\ 0 & \cos\alpha & -\sin\alpha \\ 0 & \sin\alpha & \cos\alpha \end{pmatrix}$$

$$\boldsymbol{R}_2(\beta) = \begin{pmatrix} \cos\beta & 0 & -\sin\beta \\ 0 & 1 & 0 \\ \sin\beta & 0 & \cos\beta \end{pmatrix}$$

$$\boldsymbol{R}_3(\gamma) = \begin{pmatrix} \cos\gamma & -\sin\gamma & 0 \\ \sin\gamma & \cos\gamma & 0 \\ 0 & 0 & 1 \end{pmatrix}$$

对 3 个或以上棱镜，可分别列出误差方程

$$\begin{pmatrix} v_{x_i} \\ v_{y_i} \\ v_{h_i} \end{pmatrix} = \begin{pmatrix} x_0 \\ y_0 \\ h_0 \end{pmatrix} + \boldsymbol{R}_1(\alpha)\boldsymbol{R}_2(\beta)\boldsymbol{R}_3(\gamma)\begin{pmatrix} x_i \\ y_i \\ h_i \end{pmatrix} - \begin{pmatrix} xx_i \\ yy_i \\ hh_i \end{pmatrix} \tag{7-2}$$

式中，$(v_x \quad v_y \quad v_h)^{\mathrm{T}}$ 为转换残差。

对 6 个参数取近似值 $x_0^0$、$y_0^0$、$h_0^0$、$\alpha^0$、$\beta^0$、$\gamma^0$，对式(7-2)线性化

$$\begin{pmatrix} v_{x_i} \\ v_{y_i} \\ v_{h_i} \end{pmatrix} = \frac{\partial v_i}{\partial (x_0 \quad y_0 \quad h_0)^{\mathrm{T}}}\begin{pmatrix} \delta x_0 \\ \delta y_0 \\ \delta h_0 \end{pmatrix} + \begin{pmatrix} \dfrac{\partial v_i}{\partial \alpha} & \dfrac{\partial v_i}{\partial \beta} & \dfrac{\partial v_i}{\partial \gamma} \end{pmatrix}\begin{pmatrix} \delta\alpha \\ \delta\beta \\ \delta\gamma \end{pmatrix} - l_i \tag{7-3}$$

式中的偏导数和常数项 $l$ 为

$$\frac{\partial v_i}{\partial (x_0 \quad y_0 \quad h_0)^{\mathrm{T}}} = \boldsymbol{I}$$

$$\frac{\partial v_i}{\partial \alpha} = \frac{\partial \boldsymbol{R}_1(\alpha)}{\partial \alpha}\boldsymbol{R}_2(\beta)\boldsymbol{R}_3(\gamma)\begin{pmatrix} x_i \\ y_i \\ h_i \end{pmatrix}, \quad \frac{\partial \boldsymbol{R}_1(\alpha)}{\partial \alpha} = \begin{pmatrix} 0 & 0 & 0 \\ 0 & -\sin\alpha^0 & -\cos\alpha^0 \\ 0 & \cos\alpha^0 & -\sin\alpha^0 \end{pmatrix}$$

$$\frac{\partial v_i}{\partial \beta}=\boldsymbol{R}_1(\alpha)\frac{\partial \boldsymbol{R}_2(\beta)}{\partial \beta}\boldsymbol{R}_3(\gamma)\begin{bmatrix}x_i\\y_i\\h_i\end{bmatrix},\quad \frac{\partial \boldsymbol{R}_2(\beta)}{\partial \beta}=\begin{bmatrix}-\sin\beta^0 & 0 & -\cos\beta^0\\0 & 0 & 0\\\cos\beta^0 & 0 & -\sin\beta^0\end{bmatrix}$$

$$\frac{\partial v_i}{\partial \gamma}=\boldsymbol{R}_1(\alpha)\boldsymbol{R}_2(\beta)\frac{\partial \boldsymbol{R}_3(\gamma)}{\partial \gamma}\begin{bmatrix}x_i\\y_i\\h_i\end{bmatrix},\quad \frac{\partial \boldsymbol{R}_3(\gamma)}{\partial \gamma}=\begin{bmatrix}-\sin\gamma^0 & -\cos\gamma^0 & 0\\\cos\gamma^0 & -\sin\gamma^0 & 0\\0 & 0 & 0\end{bmatrix}$$

$$l_i=-\begin{bmatrix}x_0^0\\y_0^0\\h_0^0\end{bmatrix}-\boldsymbol{R}_1(\alpha^0)\boldsymbol{R}_2(\beta^0)\boldsymbol{R}_3(\gamma^0)\begin{bmatrix}x_i\\y_i\\h_i\end{bmatrix}+\begin{bmatrix}xx_i\\yy_i\\hh_i\end{bmatrix}$$

**2.倾斜仪测得倾角观测方程**

设倾斜仪测得前后倾斜角为 $A$(0 点低于 $F_0$ 点为正),左右倾斜角为 $B$($R$ 点低于 $F_0$ 点为正),列出方程

$$\begin{cases}-hh_0+hh_{F_0}=L_1\sin A\\-hh_R+hh_{F_0}=L_2\sin B\end{cases}\tag{7-4}$$

式中,$L_1$ 为 0 点至 $F_0$ 点的长度;$L_2$ 为 $R$ 点至 $F_0$ 点的长度(盾构半径)。因此倾斜仪的角度观测量相当于高差观测量。

对 0 点和 $F_0$ 点,采用式(7-1) 转换,并相减

$$\begin{bmatrix}-xx_0+xx_{F_0}\\-yy_0+yy_{F_0}\\-hh_0+hh_{F_0}\end{bmatrix}=\boldsymbol{R}_1(\alpha)\boldsymbol{R}_2(\beta)\boldsymbol{R}_3(\gamma)\begin{bmatrix}-x_0+x_{F_0}\\-y_0+y_{F_0}\\-h_0+h_{F_0}\end{bmatrix}=-\boldsymbol{R}_1(\alpha)\boldsymbol{R}_2(\beta)\boldsymbol{R}_3(\gamma)\begin{bmatrix}x_0\\y_0\\h_0\end{bmatrix}$$

显然平移参数 $(x_0\quad y_0\quad h_0)^{\mathrm{T}}$ 不影响倾斜角(或 0 点与 $F_0$ 点的高差),旋转角 $(\alpha\quad\beta\quad\gamma)^{\mathrm{T}}$ 不影响 $F_0$ 的坐标。上式中,第 3 式为倾斜仪前后倾角测定,即:$L_1\sin A$,前两个不起作用,上式线形化为

$$\begin{bmatrix}v_x\\v_y\\v_h\end{bmatrix}=-\frac{\partial \boldsymbol{R}_1(\alpha)}{\partial \alpha}\boldsymbol{R}_2(\beta)\boldsymbol{R}_3(\gamma)\begin{bmatrix}x_0\\y_0\\h_0\end{bmatrix}\delta\alpha-\boldsymbol{R}_2(\alpha)\frac{\partial \boldsymbol{R}_1(\beta)}{\partial \beta}\boldsymbol{R}_3(\gamma)\begin{bmatrix}x_0\\y_0\\h_0\end{bmatrix}\delta\beta$$

$$-\boldsymbol{R}_1(\alpha)\boldsymbol{R}_2(\beta)\frac{\partial \boldsymbol{R}_3(\gamma)}{\partial \gamma}\begin{bmatrix}x_0\\y_0\\h_0\end{bmatrix}\delta\gamma-\begin{bmatrix}l_x\\l_y\\l_h\end{bmatrix}\tag{7-5}$$

式中

$$\begin{bmatrix}l_x\\l_y\\l_h\end{bmatrix}=\begin{bmatrix}-xx_0+xx_{F_0}\\-yy_0+yy_{F_0}\\L_1\sin A\end{bmatrix}+\boldsymbol{R}_1(\alpha)\boldsymbol{R}_2(\beta)\boldsymbol{R}_3(\gamma)\begin{bmatrix}x_0\\y_0\\h_0\end{bmatrix}$$

式(7-5)中第 3 个误差方程即为式(7-4)中第 1 个方程的线形化形式。对于 $R$ 点,可类似列出误差方程。

由坐标观测量和倾斜仪观测量误差方程组成法方程求解,迭代至收敛,便解出式(7-1)中的平移量和旋转角。

**3. 盾构姿态计算**

利用式(7-1),将关系测量时得到的盾构特征点 0、$F_0$、$R$ 的坐标 $(x_i \quad y_i \quad h_i)^{\mathrm{T}}(i=0,F_0,R)$,转换为当前位置的实测坐标 $(xx_i \quad yy_i \quad hh_i)^{\mathrm{T}}$ $(i=0,F_0,R)$ 将 0、$F_0$ 点的实测坐标投影到设计中线上,得到这两点的设计坐标,比较实测坐标和设计坐标,便可得到盾构当前前后偏离设计线的值,由 0、$R$ 点的实测坐标,可以得到当前盾构沿中轴线旋转的角度。

## 7.1.3 算例

首先根据关系测量的方法,确定棱镜与盾构的内部关系。表 7-1 为归算后,棱镜与特征点关系测量得到的坐标。

表 7-1　关系测量得到的棱镜与特征点坐标

| 点 | $xx$ | $yy$ | $hh$ |
|---|---|---|---|
| 0 | −13.976 | 0.000 0 | 0.000 0 |
| $F_0$ | 0.000 0 | 0.000 0 | 0.000 0 |
| $R$ | 0.000 0 | 7.715 | 0.000 0 |
| 1 | −4.251 | 0.235 | 6.208 |
| 2 | −7.755 | 1.311 | 6.489 |
| 3 | −7.763 | −1.403 | 6.448 |

某时刻棱镜的实测坐标如表 7-2 所示。

表 7-2　某时刻棱镜的实测坐标

| 棱镜 | $x$ | $y$ | $h$ |
|---|---|---|---|
| 1 | 8 799.085 | 20 321.886 | −7.681 |
| 2 | 8 795.462 | 20 321.394 | −7.295 |
| 3 | 8 796.595 | 20 318.927 | −7.322 |

按以上方法,求得的平移量和旋转角为

$$\begin{pmatrix} x_0 \\ y_0 \\ h_0 \end{pmatrix} = \begin{pmatrix} 8\,802.873\,950\,450\,63 \\ 20\,323.348\,444\,670\,4 \\ -14.018\,680\,059\,055\,8 \end{pmatrix}$$

$$\begin{pmatrix} \alpha \\ \beta \\ \gamma \end{pmatrix} = \begin{pmatrix} 358^\circ 58' 40.207\,53'' \\ 1^\circ 31' 06.220\,7'' \\ 24^\circ 53' 11.902\,444'' \end{pmatrix}$$

利用式(7-4)求得特征点的实测坐标为表 7-3 所示。

表 7-3 算得的盾构特征点实测坐标

| 点 | $x$ | $y$ | $h$ |
|---|---|---|---|
| 0 | 8 790.200 2 | 20 317.473 9 | −13.577 9 |
| $F_0$ | 8 802.874 0 | 20 323.348 4 | −14.018 7 |
| $R$ | 8 799.628 4 | 20 330.347 5 | −14.057 5 |

将表 7-3 中 0、$F_0$ 的坐标投影到设计中线上，并与投影点的坐标比较，便可得出盾构前后端面偏离设计线的值，从而指导盾构掘进。

## §7.2 盾构施工中的通用管片选型

通用管片又称“通用楔形管片”，即隧道衬砌全部采用楔形管片，通过管片的旋转组合来拟合隧道轴线的变化。通用管片的使用与常规管片最大的差异在于每一衬砌环拼装前必须动态地根据现场情况确定旋转角度，此过程通常称为“管片选型”。管片选型的目的是使得拼装后衬砌环中心线偏离设计中心线最小。为此，我们要通过盾构姿态等数据，来获得管片中心在某一时候的设计坐标和实际坐标。

### 7.2.1 千斤顶盾尾点坐标计算

已安装管片与千斤顶和盾构机相关联，通过盾构姿态和千斤顶量程等信息，可以获得管片中心的设计坐标。根据盾构的姿态和千斤顶在盾尾平面内的分布可以确定千斤顶盾尾点的实际(施工)坐标；根据千斤顶的量程，又可以确定千斤顶管片点的坐标，拟合得到管片平面方程；再由隧道设计轴线(Design of the Tunnel Axis，DTA)即可获得管片中心的设计坐标。

**1. 盾尾平面方程**

在某一时刻，已知盾构切口里程 $L_{F_0}$，根据 DTA 内插得到切口 $F_0$ 点设计坐标 $(x_{F_0} \quad y_{F_0} \quad h_{F_0})^{\mathrm{T}}$。假设盾尾里程 $L_0$ 为 $L_{F_0}-D$，$D$ 是盾构长度，同样可以内插求得 0 点起始近似坐标$(x_0^{(0)} \quad y_0^{(0)} \quad h_0^{(0)})^{\mathrm{T}}$。反算盾构长度 $D^{(1)}$ 后，盾尾里程修改为 $L_0-D+(D^{(1)}-D)$，内插求得 0 点起始近似坐标$(x_0^{(1)} \quad y_0^{(1)} \quad h_0^{(1)})^{\mathrm{T}}$。迭代至 $|D^{(i)}-D|<0.000\,1$，得到盾尾设计坐标 $(x_0 \quad y_0 \quad h_0)^{\mathrm{T}}$。

根据已知切口偏右偏上量 $(d_R \quad d_h)^{\mathrm{T}}$，切口设计坐标加以下修正量，即可得到切口实际坐标 $(xx_{F_0} \quad yy_{F_0} \quad hh_{F_0})^{\mathrm{T}}$

$$\begin{cases}\Delta x_{F_0}=d_R\cdot\cos\left(\alpha+\dfrac{\pi}{2}\right)\\ \Delta y_{F_0}=d_R\cdot\sin\left(\alpha+\dfrac{\pi}{2}\right)\\ \Delta h_{F_0}=d_h\end{cases}\tag{7-6}$$

同样根据盾尾偏右偏上量，可以求得盾尾实际坐标 $(xx_0\quad yy_0\quad hh_0)^{\mathrm{T}}$。

假设盾尾平面方程为

$$ax+by+ch+d=0$$

则

$$\begin{cases}a=\dfrac{xx_{F_0}-xx_0}{\rho}\\ b=\dfrac{yy_{F_0}-yy_0}{\rho}\\ c=\dfrac{hh_{F_0}-hh_0}{\rho}\\ d=-ax_0-by_0-ch_0\end{cases}$$

其中，$\rho$ 为切口 $F_0$ 和 0 点实际坐标反算长度。

**2. 千斤顶盾尾点坐标**

假设千斤顶的盾尾平面坐标为 $(xx_i\quad yy_i)^{\mathrm{T}}$，如图 7-2 建立盾尾平面坐标系，千斤顶在盾尾平面内的分布表示为方位角 $\alpha_i$（从盾尾圆心向上方向顺时针旋转的角度）。则

$$\begin{cases}xx_i=r\cos\alpha_i\\ yy_i=r\sin\alpha_i\end{cases}$$

式中，$r$ 为管片内径外径平均半径。

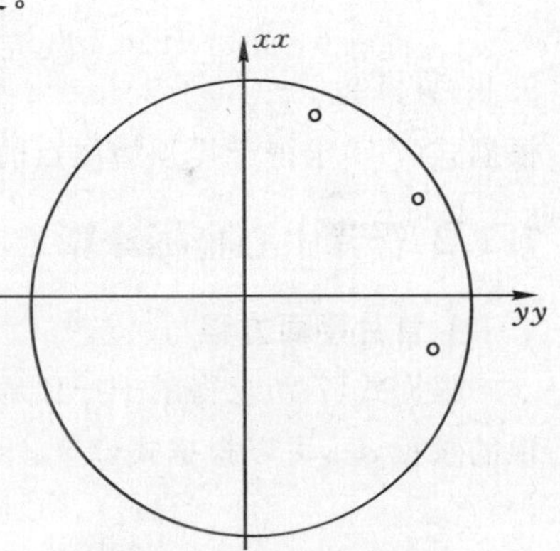

图 7-2　盾尾平面坐标系

要确定千斤顶盾尾点实际（施工）坐标，首先要确定盾尾平面坐标与实际（施工）坐标的关系。假设施工坐标与盾尾平面坐标的转换关系为

$$\begin{pmatrix}x\\y\\h\end{pmatrix}=\begin{pmatrix}x_0\\y_0\\h_0\end{pmatrix}+(e_{xx}\quad e_{yy}\quad -e_{0-F_0})\begin{pmatrix}xx\\yy\\0\end{pmatrix}\tag{7-7}$$

式中，$(x_0\quad y_0\quad h_0)^{\mathrm{T}}$ 为盾尾设计坐标；$e_{0-F_0}$ 为盾尾平面方程法向量 $(a\quad b\quad c)^{\mathrm{T}}$；$e_{xx}$ 为盾尾平面与盾构前进方向的垂直面平面的交线，方向向上。

若盾构前进方向的垂直面平面的平面方程设为

$$y = a'x + d' \tag{7-8}$$

将 0、$F_0$ 点坐标代入式(7-8)，得

$$\begin{cases} y_{F_0} = a'x_{F_0} + d' \\ y_0 = a'x_0 + d' \end{cases}$$

解出 $a'$、$d'$，并单位化为

$$a_1x + b_1y + 0h + d_1 = 0$$

式中

$$\begin{cases} a_1 = \dfrac{a'}{\sqrt{a'^2+1}} \\ b_1 = \dfrac{-1}{\sqrt{a'^2+1}} \\ c_1 = 0 \\ d_1 = \dfrac{d'}{\sqrt{a'^2+1}} \end{cases}$$

$$e_{xx} = \begin{vmatrix} i & j & k \\ a & b & c \\ a_1 & b_1 & 0 \end{vmatrix} = \begin{bmatrix} -cb_1 \\ a_1c \\ ab_1 - a_1b \end{bmatrix}$$，若 $ab_1 - a_1b < 0$，则反号，使 $e_{xx}$ 向上。

因此，$e_{yy} = e_{0-F_0} \cdot e_{xx}$ 。

根据式(7-7)求得千斤顶盾尾点的实际(施工)坐标。

### 7.2.2 管片中心坐标计算

**1.管片平面方程**

根据式(7-7)求得的千斤顶盾尾点的实际(施工)坐标 $(x_i \quad y_i \quad h_i)^{\mathrm{T}}$ 以及千斤顶的量程 $d_i$，可以根据式(7-9)计算千斤顶管片点的坐标 $(x'_i \quad y'_i \quad h'_i)^{\mathrm{T}}$

$$\begin{bmatrix} x'_i \\ y'_i \\ h'_i \end{bmatrix} = \begin{bmatrix} x_i \\ y_i \\ h_i \end{bmatrix} - d_ie_{0-F_0} = \begin{bmatrix} x_i - d_ia \\ y_i - d_ib \\ h_i - d_ic \end{bmatrix} \tag{7-9}$$

假设已拼接管片的平面方程为

$$a_2x + b_2y + c_2h + d_2 = 0 \tag{7-10}$$

由式(7-8)计算的千斤顶管片点坐标和第 4 章介绍的平面拟合方法，得到式(7-10)中的平面系数 $a_2$、$b_2$、$c_2$、$d_2$。管片平面方程的法线 $(a_2 \quad b_2 \quad c_2)^{\mathrm{T}}$ 与此刻设计中心线段的方向 $(a_3 \quad b_3 \quad c_3)^{\mathrm{T}}$ 基本一致，若 $a_2a_3 + b_2b_3 + c_2c_3 < 0$，则 $(a_2 \quad b_2 \quad c_2)^{\mathrm{T}}$ 反号。这样确定已拼接管片的平面方程。

**2.管片中心坐标**

读入中心线文件，取出第 $i$、$i+1$ 中心线点坐标 $(X_i \quad Y_i \quad H_i)^{\mathrm{T}}$、

$(X_{i+1} \quad Y_{i+1} \quad H_{i+1})^{\mathrm{T}}$，$i$ 至 $i+1$ 的直线方程为

$$\begin{cases} x = x_i + a_3 t \\ y = y_i + b_3 t \\ h = h_i + c_3 t \end{cases} \tag{7-11}$$

式中

$$\begin{cases} a_3 = \dfrac{x_{i+1} - x_i}{\rho} \\ b_3 = \dfrac{y_{i+1} - y_i}{\rho} \\ c_3 = \dfrac{h_{i+1} - h_i}{\rho} \end{cases}$$

其中，$\rho$ 为 $i$ 至 $i+1$ 中心点的距离。

求取直线式(7-11)与管片平面式(7-10)的交点坐标，若交点不处在 $i$ 与 $i+1$ 点之间，取下一个中心线段，直至落在线段内，即得到管片平面与中心线的交点坐标。从而获得管片中心的设计坐标。

根据管片中心偏离设计中心的偏移量，利用式(7-6)可以计算管片中心的实际(施工)坐标。需要指出的是，如果偏移量是相对于盾尾的，则应该加上盾尾中心偏差量。

## 7.2.3 管片选型

### 1. 管片特征点坐标计算

如图 7-3 所示，建立拼装坐标系，原点在拼装面中点 $T_1$，$p$、$q$ 处在对接面内，$p$ 轴指向 1 号位(最薄处)，在管片的外立面上取中心点 $T_2$，1、2、3、4 个点，1 点在 1 号位，2、4 点在中间高度处两侧，3 点在最厚处。

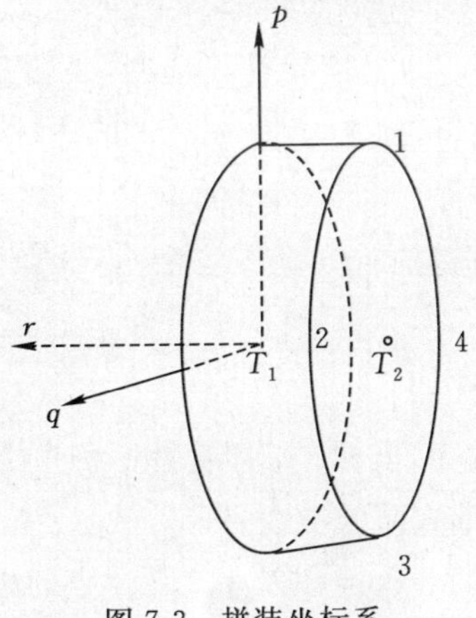

图 7-3　拼装坐标系

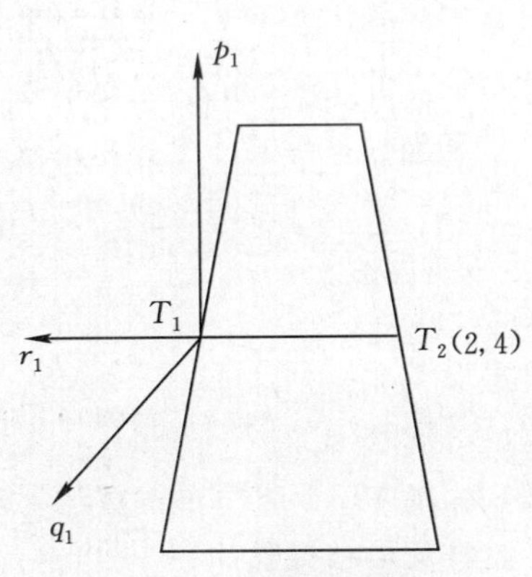

图 7-4　临时坐标系

为了求得 1、2、3、4、$T_2$ 的拼装坐标系坐标，如图 7-4 所示，设立临时坐标系 $p_1q_1r_1$，原点在 $T_1$，$q_1$ 与去 $q$ 重合。

在临时坐标系 $p_1q_1r_1$ 内，1 号点的坐标为

$$\begin{pmatrix} p_1 \\ q_1 \\ r_1 \end{pmatrix}_1 = \begin{pmatrix} \mathrm{Rad}i \\ 0 \\ -D+d/2 \end{pmatrix}$$

式中，Rad$i$ 是管片外径；$D$ 是管片长度；$d$ 是锲形量。

2、3、4、$T_2$ 号点坐标分别为

$$\begin{pmatrix} 0 \\ \mathrm{Rad}i \\ -D \end{pmatrix},\quad \begin{pmatrix} \mathrm{Rad}i \\ 0 \\ -D-d/2 \end{pmatrix},\quad \begin{pmatrix} 0 \\ -\mathrm{Rad}i \\ -D \end{pmatrix},\quad \begin{pmatrix} 0 \\ 0 \\ -D \end{pmatrix}$$

临时坐标系 $p_1q_1r_1$ 坐标与拼装坐标系坐标的关系为

$$\begin{pmatrix} p \\ q \\ r \end{pmatrix} = \begin{pmatrix} \cos(-\beta) & 0 & \sin(-\beta) \\ 0 & 1 & 0 \\ -\sin(-\beta) & 0 & \cos(-\beta) \end{pmatrix} \begin{pmatrix} p_1 \\ q_1 \\ r_1 \end{pmatrix} \tag{7-12}$$

式中 $\beta = \tan^{-1}\dfrac{d/2}{\mathrm{Rad}i}$。

当管片处在 $n$ 号为时，式(7-12)还需加上饶 $r$ 轴的旋转角 $\gamma=(n-1)\dfrac{2\pi}{M}$（$M$ 为管片位置数），即

$$\begin{pmatrix} p \\ q \\ r \end{pmatrix} = \begin{pmatrix} \cos(-\gamma) & \sin(-\gamma) & 0 \\ -\sin(-\gamma) & \cos(-\gamma) & 0 \\ 0 & 0 & 1 \end{pmatrix} \begin{pmatrix} \cos(-\beta) & 0 & \sin(-\beta) \\ 0 & 1 & 0 \\ -\sin(-\beta) & 0 & \cos(-\beta) \end{pmatrix} \begin{pmatrix} p_1 \\ q_1 \\ r_1 \end{pmatrix} \tag{7-13}$$

从而得到 1、2、3、4、$T_2$ 的拼装坐标系坐标。为了指导管片选型，必须要知道管片特征点的实际（施工）坐标。

拼装坐标系与实际坐标系的关系为

$$\begin{pmatrix} x \\ y \\ h \end{pmatrix} = \begin{pmatrix} x_{T_1} \\ y_{T_1} \\ h_{T_1} \end{pmatrix} + (e_p \quad e_q \quad e_r) \begin{pmatrix} p \\ q \\ r \end{pmatrix} \tag{7-14}$$

式中，$(x_{T_1} \quad y_{T_1} \quad h_{T_1})^{\mathrm{T}}$ 即管片中心点实际（施工）坐标；$e_r$ 即管片平面法方向的反向；$e_p$ 为管片平面与包含管片平面法向量的垂直面的交线。

这样就可求得管片在 1 号位（最窄处向上）时，$T_2$ 点以及 1、2、3、4 点的施工坐标。

2.管片选型

比较管片外立面中心点 $T_2$ 的施工坐标 $(x_{T_2} \quad y_{T_2} \quad h_{T_2})^T$ 离开设计中线的距离。根据 DTA 获得第 $i$、$i+1$ 中心线点坐标 $(x_i \quad y_i \quad h_i)^T$、$(x_{i+1} \quad y_{i+1} \quad h_{i+1})^T$，得到 $i$ 至 $i+1$ 的直线方程

$$\begin{cases} x = x_i + a_6 t \\ y = y_i + b_6 t \\ h = h_i + c_6 t \end{cases} \tag{7-15}$$

方法与上节中管片中心坐标的内容相同。

设过 $T_2$ 点与直线垂直的平面为

$$a_6 x + b_6 y + c_6 h + d_6 = 0 \tag{7-16}$$

式中 $d_6 = -a_6 x_{T_2} - b_6 y_{T_2} - c_6 h_{T_2}$

求直线与平面交点，判断交点是否落在第 $i$、$i+1$ 中心线点之间，直至找到，取出中心线坐标，比较坐标差，求出偏差值。同样计算其他各点位置的偏差值，选出最合适的位置。

由 1、2、3、4 点的施工坐标拟合平面，拟合出的平面方程和 $T_2$ 点的坐标，作为下一管片的起始面，从而指导隧道内管片的选型安装。

## §7.3　隧道竣工测量中的管片变形检测

为了了解隧道断面受力后的形变情况，在隧道竣工测量时，通常需要对隧道断面进行检测。地铁隧道的断面为椭圆形构件，由数块管片组成，每个管片为刚性结构，不产生变形，但在外力作用下，管片连接处可能产生相对位移，故整个构件的变形可以由每个管片两端点相对整个椭圆的偏移量来衡量。

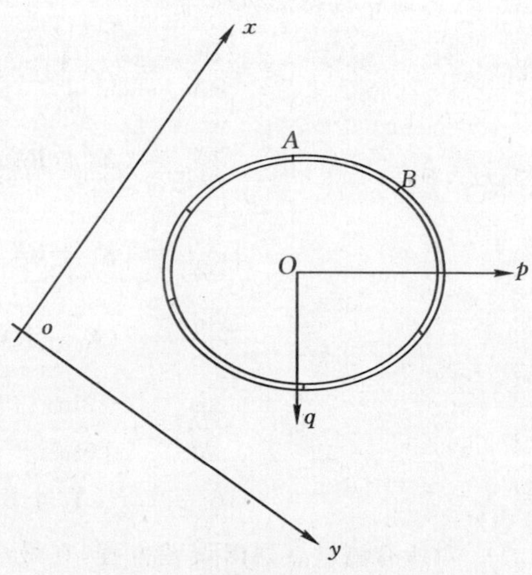

图 7-5　椭圆形构件示意图

为了测量变形，对整个构件定义一个任意的测量坐标系和一个椭圆坐标系，如图 7-5 中的 $o-xy$ 和 $O-pq$ 坐标系。建立的测量坐标系轴向可任意设定，方便测量即可。在测量坐标系内测，得管片内壁上观测若干点的坐标 $X_i$（$i = 1,2,\cdots,n$）。

### 7.3.1 椭圆断面拟合

定义椭圆坐标系 $O-pq$，原点 $O$ 为椭圆中心，$Op$ 为长半轴方向，$Oq$ 为短半轴方向，$Oq$ 方向处在 $Op$ 方向顺时针转过 90° 的方向。

椭圆在 $O-pq$ 坐标系中的方程为

$$\boldsymbol{X}_e^{\mathrm{T}}\boldsymbol{\Lambda}\boldsymbol{X}_e = 1 \tag{7-17}$$

式中，$\boldsymbol{X}_e=\begin{pmatrix} p \\ q \end{pmatrix}$ 为椭圆坐标；$\boldsymbol{\Lambda}=\begin{bmatrix} \lambda_1 & \\ & \lambda_2 \end{bmatrix}=\begin{bmatrix} \frac{1}{a^2} & \\ & \frac{1}{b^2} \end{bmatrix}$；$a$，$b$ 分别为椭圆的长短半轴。

测量坐标 $\boldsymbol{X}$ 与椭圆坐标 $\boldsymbol{X}_e$ 的转换关系表示为

$$\boldsymbol{X}_e = \boldsymbol{X}_0 + \boldsymbol{R}(\alpha)\boldsymbol{X} \tag{7-18}$$

式中，$\boldsymbol{X}_0=\begin{bmatrix} x_0 \\ y_0 \end{bmatrix}$ 为平移量；$\boldsymbol{R}(\alpha)=\begin{pmatrix} \cos\alpha & -\sin\alpha \\ \sin\alpha & \cos\alpha \end{pmatrix}$ 为旋转矩阵。

认为各测量点坐标不满足椭圆方程的部分为残差，列出误差方程

$$v_i = \boldsymbol{X}_{ei}^{\mathrm{T}}\boldsymbol{\Lambda}\boldsymbol{X}_{ei} - 1 \tag{7-19}$$

将式(7-18)代式(7-19)中，并线形化得

$$v_i = \frac{\partial v_i}{\partial \boldsymbol{X}_0}d\boldsymbol{X}_0 + \frac{\partial v_i}{\partial \boldsymbol{\Lambda}}d\boldsymbol{\Lambda} + \frac{\partial v_i}{\partial \alpha}d\alpha - l_i \tag{7-20}$$

式中，各项导数和常数项为

$$\frac{\partial v_i}{\partial \boldsymbol{X}_0} = 2\boldsymbol{\Lambda}(\boldsymbol{X}_0 + \boldsymbol{R}\boldsymbol{X}_i)$$

$$\frac{\partial v_i}{\partial \lambda_1} = (\boldsymbol{X}_0 + \boldsymbol{R}\boldsymbol{X}_i)^{\mathrm{T}}\begin{pmatrix} 1 & \\ & 0 \end{pmatrix}(\boldsymbol{X}_0 + \boldsymbol{R}\boldsymbol{X}_i)$$

$$\frac{\partial v_i}{\partial \lambda_2} = (\boldsymbol{X}_0 + \boldsymbol{R}\boldsymbol{X}_i)^{\mathrm{T}}\begin{pmatrix} 0 & \\ & 1 \end{pmatrix}(\boldsymbol{X}_0 + \boldsymbol{R}\boldsymbol{X}_i)$$

$$\frac{\partial v_i}{\partial \alpha} = 2(\boldsymbol{X}_0 + \boldsymbol{R}\boldsymbol{X}_i)^{\mathrm{T}}\boldsymbol{\Lambda}\frac{\partial \boldsymbol{R}}{\partial \alpha}\boldsymbol{X}_i$$

$$\frac{\partial \boldsymbol{R}}{\partial \alpha} = \begin{pmatrix} -\sin\alpha & -\cos\alpha \\ \cos\alpha & -\sin\alpha \end{pmatrix}$$

$$l_i = 1 - (\boldsymbol{X}_0 + \boldsymbol{R}\boldsymbol{X}_i)^{\mathrm{T}}\boldsymbol{\Lambda}(\boldsymbol{X}_0 + \boldsymbol{R}\boldsymbol{X}_i)$$

对所有测量点列出误差方程，在最小二乘 $\sum_n v_i^2 = \min$ 的条件下组成法方程，求解参数改正数，并迭代至改正数收敛，即得到椭圆的长短半轴 $a$、$b$，进而得到测量坐标与椭圆坐标之间的平移量 $\boldsymbol{X}_0$ 和旋转角 $\alpha$。

拟合时可以根据残差剔除测量粗差点。若某观测量改正残差大于限差(如限差为 $3\sigma$),则视该观测量为粗差点。剔除粗差后根据最小二乘法则重新解算待估参数。

## 7.3.2 管片变形参数确定

由于每个管片为刚体,需要确定的变形量为每管片两端点相对于椭圆的位移。变形量由 $\theta$、$D$ 两个参数确定,$\theta$ 为管片绕其中点 $P$ 的旋转角,$D$ 为本管片沿 $PO$ 方向的平移量。

变形量 $\theta$ 、$D$ 的确定方法是经旋转平移后,该管片上所有观测点与椭圆最接近。

如图 7-5 所示,$A$、$B$ 为某管片的端点,由 $A$、$B$ 点的测量坐标,计算其椭圆坐标,求出 $OA$、$OB$ 在椭圆坐标系中的方位角 $\alpha_1$ 、$\alpha_2$ 。考虑到椭圆构件为刚性材料,整体形变量较小,故将其近似视作圆形,则管片中点 $P$ 可近似为方位角 $(\alpha_1+\alpha_2)/2$ 的射线与椭圆的交点。

以 $X_{eP}$ 表示 $P$ 点的椭圆坐标系坐标,绕 $P$ 点旋转 $\theta$ ,再沿 $PO$ 方向平移 $D$ 后,该管片上各测量点的椭圆坐标 $\boldsymbol{X}_{ei}$ 变为 $\boldsymbol{X}'_{ei}$ ,则

$$\boldsymbol{X}'_{ei}=\boldsymbol{R}(\theta)(\boldsymbol{X}_{ei}-\boldsymbol{X}_{eP})+\boldsymbol{X}_{eP}-D\begin{pmatrix}\cos\alpha_{OP}\\ \sin\alpha_{OP}\end{pmatrix} \tag{7-21}$$

式中,$\alpha_{OP}$ 为 $P$ 点在椭圆坐标系内的方位角。

按旋转和平移后的坐标与拟合椭圆之间的偏差列出误差方程

$$v_i=\boldsymbol{X}'^{\mathrm{T}}_{ei}\boldsymbol{\Lambda}\boldsymbol{X}'_{ei}-1 \tag{7-22}$$

线性化为

$$v_i=\frac{\partial v_i}{\partial D}\delta D+\frac{\partial v_i}{\partial\theta}\delta\theta-l_i \tag{7-23}$$

式中,各项导数和常数项如下

$$\frac{\partial v_i}{\partial D}=2\frac{\partial\boldsymbol{X}'_{ei}}{\partial D}^{\mathrm{T}}\boldsymbol{\Lambda}\boldsymbol{X}'_{ei}$$

$$\frac{\partial\boldsymbol{X}'_{ei}}{\partial D}=-\begin{pmatrix}\cos\alpha_{OP}\\ \sin\alpha_{OP}\end{pmatrix}$$

$$\frac{\partial v_i}{\partial\theta}=2\frac{\partial\boldsymbol{X}'_{ei}}{\partial\theta}^{\mathrm{T}}\boldsymbol{\Lambda}\boldsymbol{X}'_{ei}$$

$$\frac{\partial\boldsymbol{X}'_{ei}}{\partial\theta}=\frac{\partial\boldsymbol{R}(\theta)}{\partial\theta}(\boldsymbol{X}_{ei}-\boldsymbol{X}_{eP})$$

$$l_i=1-\left[\boldsymbol{R}_0(\boldsymbol{X}_{ei}-\boldsymbol{X}_{eP})+\boldsymbol{X}_{eP}+D_0\frac{\partial\boldsymbol{X}'_{ei}}{\partial\boldsymbol{D}}\right]^{\mathrm{T}}\boldsymbol{\Lambda}\left[\boldsymbol{R}_0(\boldsymbol{X}_{ei}-\boldsymbol{X}_{eP})+\boldsymbol{X}_{eP}+D_0\frac{\partial\boldsymbol{X}'_{ei}}{\partial D}\right]$$

在最小二乘 $\sum_n v_i^2 = \min$ 的条件下组成法方程，求解待估参数。对参数改正数进行迭代至收敛，即可解出旋转角 $\theta$ 和平移量 $D$。

### 7.3.3 管片变形量计算

在椭圆坐标系内，求出本段起、终点方位与椭圆的交点 $\boldsymbol{X}_{eS}$、$\boldsymbol{X}_{eE}$ 。

两交点转过旋转 $\theta$ 角、平移 $D$ 后，交点坐标变为

$$\boldsymbol{X}'_{eS} = \boldsymbol{R}(\theta)(\boldsymbol{X}_{eS} - \boldsymbol{X}_{eP}) + \boldsymbol{X}_{eP} - D\begin{bmatrix}\cos\alpha_{OP}\\ \sin\alpha_{OP}\end{bmatrix}$$

$$\boldsymbol{X}'_{eE} = \boldsymbol{R}(\theta)(\boldsymbol{X}_{eE} - \boldsymbol{X}_{eP}) + \boldsymbol{X}_{eP} - D\begin{bmatrix}\cos\alpha_{OP}\\ \sin\alpha_{OP}\end{bmatrix}$$

比较 $\boldsymbol{X}'_{eS}$ 和 $\boldsymbol{X}_{eS}$ 、$\boldsymbol{X}'_{eE}$ 和 $\boldsymbol{X}_{eE}$ ，即得到该管片的变形量。

### 7.3.4 算例

在某椭圆形构件内侧测得一些点的坐标，为了说明问题又不失一般性，仅挑选部分测量点，用于验证本文模型的正确性，测量点位表示在图 7-6 中，测得坐标如下表 7-4 所示。

表 7-4　测得点坐标(测量坐标系)　　单位:m

| 序号 | $x$ | $y$ | 序号 | $x$ | $y$ |
|---|---|---|---|---|---|
| $p1$ | −1.381 6 | 1.846 3 | $p7$ | 3.132 5 | 0.438 4 |
| $p2$ | −0.214 9 | 2.560 0 | $p8$ | 3.163 9 | 0.140 1 |
| $p3$ | 2.764 3 | 1.416 4 | $p9$ | 1.479 4 | −2.477 9 |
| $p4$ | 2.840 3 | 1.286 2 | $p10$ | −0.335 8 | −2.508 6 |
| $p5$ | 2.969 4 | 1.014 9 | $p11$ | −1.413 4 | −1.803 1 |
| $p6$ | 3.068 1 | 0.731 0 | | | |

采用以上模型拟合得到的平移量、旋转角和椭圆长短半轴如下

$$\boldsymbol{X}_0 = \begin{bmatrix}x_0\\ y_0\end{bmatrix} = \begin{pmatrix}-0.018\,3\\ -0.525\,4\end{pmatrix}$$

$$\begin{pmatrix}a\\ b\end{pmatrix} = \begin{pmatrix}2.660\,816\\ 2.642\,234\end{pmatrix}$$

$$\alpha = 87°29'13.65''$$

单位权中误差为

$$\sigma_0 = 0.000\,73$$

故测量坐标 $\boldsymbol{X}$ 至椭圆坐标 $\boldsymbol{X}_e$ 的转换关系为

$$\boldsymbol{X}_e = \begin{pmatrix}-0.018\,3\\ -0.525\,4\end{pmatrix} + \begin{pmatrix}0.043\,844\,545\,4 & -0.999\,038\,365\,5\\ 0.999\,038\,365\,5 & 0.043\,844\,545\,4\end{pmatrix}\boldsymbol{X}$$

椭圆方程为

$$\frac{x_e^2}{7.079\,94}+\frac{y_e^2}{6.981\,40}=1$$

图 7-6 是拟合结果，$op$ 为长半轴方向。$A$、$B$ 为管片的端点，在测量坐标系内的方位角分别为 0° 和 30°10′35″。

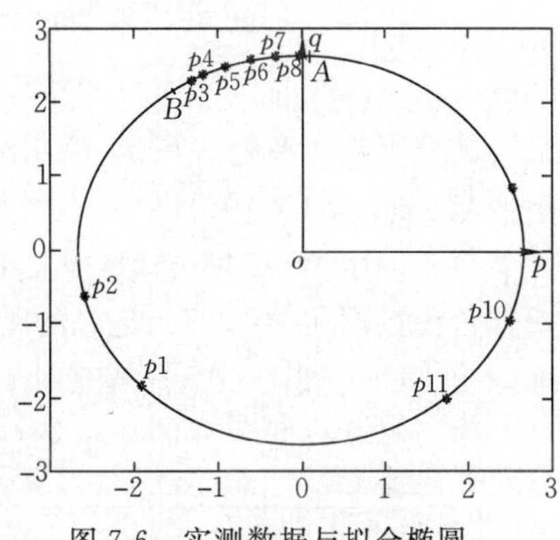


图 7-6　实测数据与拟合椭圆

计算得管片中点的椭圆坐标系坐标为(−0.575 5,2.579 7)(单位:m)。按本文方法求得管片绕中点的旋转角 $\theta$ 和平移量 $D$ 为

$$\begin{cases}\theta = 0°00'33.884\,0'' \\ D = 0.000\,000\,3\end{cases}$$

管片端点 $A$、$B$ 的位移量分别为 0.113 7 m和−0.114 4 m，即 $A$ 点向椭圆中心方向位移，$B$ 点向外位移。

作为变形测量，可根据实际情况设定变形量极限值。当变形超过该值时，应采取相应措施，防止由于构件变形而引发的工程事故。

**附录**

# 全站仪观测数据三维平差算例

某控制网如图附-1所示，采用高精度全站仪观测4测回，先验测角精度1′，测距精度1 mm＋1×$10^{-6}$，原始观测数据见表附-1。

平差采用WGS 84椭球，中央子午线取为121°，加常数与投影面高程均为0，垂直角读数模式90°－$L$，记录的距离为平距。三维平差时起点定为$A$点，其大地坐标为（30°　121°　0）。解算时不解垂线偏差，垂直折光模型取为对向相同。

平面起算数据为$A$的坐标是（0　0），$A$至$B$的方位角为90°，$A$的高程为0。

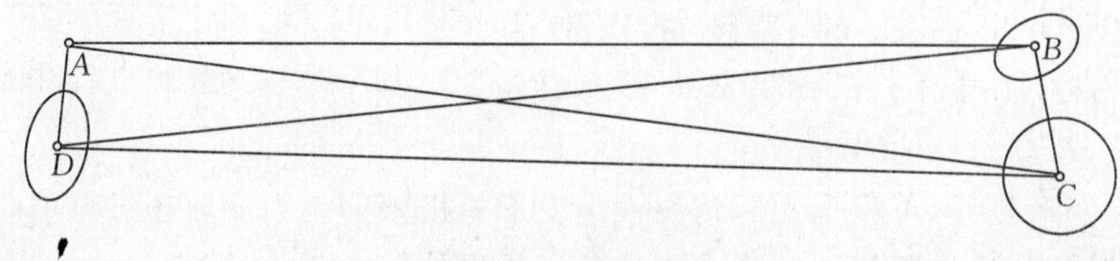


图附-1　控制网

平差后单位权中误差为3.475 9，$\boldsymbol{V}^{\mathrm{T}}\boldsymbol{PV}$ ＝ 2 875.546 314，其他为结果列在下表附-1～附-8中。

表附-1　平面坐标结果　　单位:m

| 点名 | $Xg$ | $Yg$ | $h$ | M$Xg$ | M$Yg$ | M$h$ |
|---|---|---|---|---|---|---|
| $A$ | 0.000 00 | 0.000 00 | －6.900 56 | 0.000 00 | 0.000 00 | 0.000 36 |
| $D$ | －82.694 17 | －10.332 74 | 0.000 00 | 0.000 91 | 0.000 42 | 0.000 00 |
| $B$ | 0.000 00 | 764.494 36 | －28.077 53 | 0.000 01 | 0.000 86 | 0.001 68 |
| $C$ | －104.314 91 | 783.264 60 | －57.905 80 | 0.000 91 | 0.000 86 | 0.001 68 |

表附-2　空间坐标结果　　单位:m

| 点名 | $X$ | $Y$ | $Z$ | M$X$ | M$Y$ | M$Z$ |
|---|---|---|---|---|---|---|
| $A$ | －2 847 259.579 19 | 4 738 635.698 57 | 3 170 370.285 12 | 0.000 16 | 0.000 27 | 0.000 18 |
| $D$ | －2 847 275.095 29 | 4 738 681.583 78 | 3 170 302.119 86 | 0.000 42 | 0.000 46 | 0.000 79 |
| $B$ | －2 847 905.409 77 | 4 738 226.202 36 | 3 170 359.673 73 | 0.001 08 | 0.001 29 | 0.000 84 |
| $C$ | －2 847 935.052 72 | 4 738 239.099 46 | 3 170 254.419 50 | 0.001 10 | 0.001 33 | 0.001 18 |

表附-3　大地坐标结果

| 点名 | $B$/dms | $L$/dms | $h$/m | M$B$/s | M$L$/s | M$h$/m |
|---|---|---|---|---|---|---|
| $A$ | 30.000 000 00 | 121.000 000 00 | －6.900 560 00 | 0.000 000 00 | 0.000 000 00 | 0.000 4 |
| $D$ | 29.595 731 45 | 120.595 961 45 | 0.000 000 00 | 0.000 030 00 | 0.000 020 00 | 0.000 0 |
| $B$ | 29.595 999 91 | 121.002 852 41 | －28.077 530 00 | 0.000 000 00 | 0.000 030 00 | 0.001 7 |
| $C$ | 29.595 661 14 | 121.002 922 41 | －57.905 800 00 | 0.000 030 00 | 0.000 030 00 | 0.001 7 |

**表附-4　大气垂直折光**

| 起点 | 终点 | 折光 | 中误差 |
|---|---|---|---|
| *C* | *D* | 0.015 432 899 | ±0.067 83 |
| *C* | *A* | －0.075 211 228 | ±0.068 07 |
| *C* | *B* | －11.791 142 51 | ±0.545 35 |
| *A* | *B* | －0.294 919 379 | ±0.070 12 |
| *A* | *D* | －13.552 393 24 | ±0.647 13 |
| *B* | *D* | －0.206 861 797 | ±0.068 83 |

**表附-5　零方向方位角**

| 测站 | 测回 | 竖盘 | 方位角/dms | 中误差/s |
|---|---|---|---|---|
| *A* | 1 | L | 90.000 181 035 | ±2.04 |
| *A* | 1 | R | 270.001 101 035 | ±2.04 |
| *A* | 2 | L | 60.000 094 368 | ±2.04 |
| *A* | 2 | R | 240.001 044 368 | ±2.04 |
| *A* | 3 | L | 30.000 241 035 | ±2.04 |
| *A* | 3 | R | 210.001 047 701 | ±2.04 |
| *A* | 4 | L | 0.000 121 035 | ±2.04 |
| *A* | 4 | R | 180.001 161 035 | ±2.04 |
| *B* | 1 | L | 169.481 844 278 | ±2.04 |
| *B* | 1 | R | 349.483 394 278 | ±2.04 |
| *B* | 3 | L | 109.481 894 278 | ±2.04 |
| *B* | 3 | R | 289.483 474 278 | ±2.04 |
| *B* | 4 | L | 79.481 760 945 | ±2.04 |
| *B* | 4 | R | 259.483 277 612 | ±2.04 |
| *C* | 1 | L | 271.335 914 014 | ±2.06 |
| *C* | 1 | R | 91.340 010 680 | ±2.06 |
| *C* | 2 | L | 241.335 600 680 | ±2.06 |
| *C* | 2 | R | 61.335 750 680 | ±2.06 |
| *C* | 3 | L | 211.335 817 347 | ±2.06 |
| *C* | 3 | R | 31.335 944 014 | ±2.06 |
| *C* | 4 | L | 181.335 657 347 | ±2.06 |
| *C* | 4 | R | 1.335 920 680 | ±2.06 |
| *D* | 1 | L | 7.072 005 731 | ±2.05 |
| *D* | 1 | R | 187.073 505 731 | ±2.05 |
| *D* | 2 | L | 337.071 929 065 | ±2.05 |
| *D* | 2 | R | 157.073 352 398 | ±2.05 |
| *D* | 3 | L | 307.072 032 398 | ±2.05 |
| *D* | 3 | R | 127.073 369 065 | ±2.05 |
| *D* | 4 | L | 277.071 899 065 | ±2.05 |
| *D* | 4 | R | 97.073 245 731 | ±2.05 |

**表附-6 水平方向观测值残差**

| 序号 | 测站 | 目标 | 测回 | 竖盘 | 方向值/dms | 残差/s | 先验精度/s | 中误差/s | 冗余度 |
|---|---|---|---|---|---|---|---|---|---|
| 1 | *A* | *B* | 1 | L | 0.000 04 | −2.205 | 1 | 2.04 | 0.655 3 |
| 2 | *A* | *B* | 1 | R | 179.594 79 | 1.095 | 1 | 2.04 | 0.655 3 |
| 3 | *A* | *C* | 1 | L | 7.351 04 | −2.639 | 1 | 2.04 | 0.655 7 |
| 4 | *A* | *C* | 1 | R | 187.345 49 | 3.661 | 1 | 2.04 | 0.655 7 |
| 5 | *A* | *D* | 1 | L | 97.071 35 | 4.841 | 1 | 2.12 | 0.626 8 |
| 6 | *A* | *D* | 1 | R | 277.071 39 | −4.759 | 1 | 2.12 | 0.626 8 |
| 7 | *A* | *B* | 2 | L | 30.000 03 | −1.238 | 1 | 2.04 | 0.655 3 |
| 8 | *A* | *B* | 2 | R | 209.594 71 | 2.462 | 1 | 2.04 | 0.655 3 |
| 9 | *A* | *C* | 2 | L | 37.351 08 | −2.172 | 1 | 2.04 | 0.655 7 |
| 10 | *A* | *C* | 2 | R | 217.345 58 | 3.328 | 1 | 2.04 | 0.655 7 |
| 11 | *A* | *D* | 2 | L | 127.071 58 | 3.408 | 1 | 2.12 | 0.626 8 |
| 12 | *A* | *D* | 2 | R | 307.071 55 | −5.792 | 1 | 2.12 | 0.626 8 |
| 13 | *A* | *B* | 3 | L | 59.595 93 | −1.705 | 1 | 2.04 | 0.655 3 |
| 14 | *A* | *B* | 3 | R | 239.594 67 | 2.829 | 1 | 2.04 | 0.655 3 |
| 15 | *A* | *C* | 3 | L | 67.351 01 | −2.939 | 1 | 2.04 | 0.655 7 |
| 16 | *A* | *C* | 3 | R | 247.345 64 | 2.694 | 1 | 2.04 | 0.655 7 |
| 17 | *A* | *D* | 3 | L | 157.071 31 | 4.641 | 1 | 2.12 | 0.626 8 |
| 18 | *A* | *D* | 3 | R | 337.071 52 | −5.526 | 1 | 2.12 | 0.626 8 |
| 19 | *A* | *B* | 4 | L | 90.000 15 | −2.705 | 1 | 2.04 | 0.655 3 |
| 20 | *A* | *B* | 4 | R | 269.594 90 | −0.605 | 1 | 2.04 | 0.655 3 |
| 21 | *A* | *C* | 4 | L | 97.351 09 | −2.539 | 1 | 2.04 | 0.655 7 |
| 22 | *A* | *C* | 4 | R | 277.345 35 | 4.461 | 1 | 2.04 | 0.655 7 |
| 23 | *A* | *D* | 4 | L | 187.071 37 | 5.241 | 1 | 2.12 | 0.626 8 |
| 24 | *A* | *D* | 4 | R | 7.071 24 | −3.859 | 1 | 2.12 | 0.626 8 |
| 25 | *B* | *C* | 1 | L | 359.595 96 | −5.712 | 1 | 2.14 | 0.622 5 |
| 26 | *B* | *C* | 1 | R | 179.593 24 | 5.988 | 1 | 2.14 | 0.622 5 |
| 27 | *B* | *D* | 1 | L | 94.062 18 | 3.225 | 1 | 2.04 | 0.654 6 |
| 28 | *B* | *D* | 1 | R | 274.061 31 | −3.575 | 1 | 2.04 | 0.654 6 |
| 29 | *B* | *A* | 1 | L | 100.115 33 | 2.525 | 1 | 2.04 | 0.654 2 |
| 30 | *B* | *A* | 1 | R | 280.114 27 | −2.375 | 1 | 2.04 | 0.654 2 |
| 31 | *B* | *C* | 3 | L | 60.000 07 | −7.312 | 1 | 2.14 | 0.622 5 |
| 32 | *B* | *C* | 3 | R | 239.593 29 | 4.688 | 1 | 2.14 | 0.622 5 |
| 33 | *B* | *D* | 3 | L | 154.062 02 | 4.325 | 1 | 2.04 | 0.654 6 |
| 34 | *B* | *D* | 3 | R | 334.061 20 | −3.275 | 1 | 2.04 | 0.654 6 |
| 35 | *B* | *A* | 3 | L | 160.115 23 | 3.025 | 1 | 2.04 | 0.654 2 |
| 36 | *B* | *A* | 3 | R | 340.114 09 | −1.375 | 1 | 2.04 | 0.654 2 |
| 37 | *B* | *C* | 4 | L | 89.595 99 | −5.179 | 1 | 2.14 | 0.622 5 |
| 38 | *B* | *C* | 4 | R | 269.593 41 | 5.454 | 1 | 2.14 | 0.622 5 |

续表

| 序号 | 测站 | 目标 | 测回 | 竖盘 | 方向值/dms | 残差/s | 先验精度/s | 中误差/s | 冗余度 |
|---|---|---|---|---|---|---|---|---|---|
| 39 | *B* | *D* | 4 | L | 184.062 32 | 2.658 | 1 | 2.04 | 0.654 6 |
| 40 | *B* | *D* | 4 | R | 4.061 36 | −2.909 | 1 | 2.04 | 0.654 6 |
| 41 | *B* | *A* | 4 | L | 190.115 41 | 2.558 | 1 | 2.04 | 0.654 2 |
| 42 | *B* | *A* | 4 | R | 10.114 40 | −2.509 | 1 | 2.04 | 0.654 2 |
| 43 | *C* | *D* | 1 | L | 359.595 86 | −5.050 | 1 | 2.04 | 0.655 0 |
| 44 | *C* | *D* | 1 | R | 179.595 01 | 2.483 | 1 | 2.04 | 0.655 0 |
| 45 | *C* | *A* | 1 | L | 6.012 78 | −2.756 | 1 | 2.04 | 0.655 4 |
| 46 | *C* | *A* | 1 | R | 186.012 10 | 3.077 | 1 | 2.04 | 0.655 4 |
| 47 | *C* | *B* | 1 | L | 78.140 57 | 7.841 | 1 | 2.13 | 0.625 6 |
| 48 | *C* | *B* | 1 | R | 258.141 81 | −5.525 | 1 | 2.13 | 0.625 6 |
| 49 | *C* | *D* | 2 | L | 29.595 96 | −2.917 | 1 | 2.04 | 0.655 0 |
| 50 | *C* | *D* | 2 | R | 209.595 18 | 3.383 | 1 | 2.04 | 0.655 0 |
| 51 | *C* | *A* | 2 | L | 36.013 22 | −4.023 | 1 | 2.04 | 0.655 4 |
| 52 | *C* | *A* | 2 | R | 216.012 29 | 3.777 | 1 | 2.04 | 0.655 4 |
| 53 | *C* | *B* | 2 | L | 108.140 97 | 6.975 | 1 | 2.13 | 0.625 6 |
| 54 | *C* | *B* | 2 | R | 288.142 23 | −7.125 | 1 | 2.13 | 0.625 6 |
| 55 | *C* | *D* | 3 | L | 59.595 88 | −4.284 | 1 | 2.04 | 0.655 0 |
| 56 | *C* | *D* | 3 | R | 239.594 98 | 3.450 | 1 | 2.04 | 0.655 0 |
| 57 | *C* | *A* | 3 | L | 66.013 02 | −4.189 | 1 | 2.04 | 0.655 4 |
| 58 | *C* | *A* | 3 | R | 246.012 04 | 4.344 | 1 | 2.04 | 0.655 4 |
| 59 | *C* | *B* | 3 | L | 138.140 60 | 8.508 | 1 | 2.13 | 0.625 6 |
| 60 | *C* | *B* | 3 | R | 318.142 10 | −7.759 | 1 | 2.13 | 0.625 6 |
| 61 | *C* | *D* | 4 | L | 90.000 03 | −4.184 | 1 | 2.04 | 0.655 0 |
| 62 | *C* | *D* | 4 | R | 269.594 93 | 4.183 | 1 | 2.04 | 0.655 0 |
| 63 | *C* | *A* | 4 | L | 96.013 17 | −4.089 | 1 | 2.04 | 0.655 4 |
| 64 | *C* | *A* | 4 | R | 276.012 19 | 3.077 | 1 | 2.04 | 0.655 4 |
| 65 | *C* | *B* | 4 | L | 168.140 78 | 8.308 | 1 | 2.13 | 0.625 6 |
| 66 | *C* | *B* | 4 | R | 348.142 07 | −7.225 | 1 | 2.13 | 0.625 6 |
| 67 | *D* | *A* | 1 | L | 0.000 00 | −0.099 | 1 | 2.12 | 0.628 0 |
| 68 | *D* | *A* | 1 | R | 179.594 54 | −0.499 | 1 | 2.12 | 0.628 0 |
| 69 | *D* | *B* | 1 | L | 76.470 77 | 1.256 | 1 | 2.04 | 0.656 0 |
| 70 | *D* | *B* | 1 | R | 256.465 45 | −0.544 | 1 | 2.04 | 0.656 0 |
| 71 | *D* | *C* | 1 | L | 84.261 90 | −1.172 | 1 | 2.04 | 0.655 6 |
| 72 | *D* | *C* | 1 | R | 264.260 18 | 1.028 | 1 | 2.04 | 0.655 6 |
| 73 | *D* | *A* | 2 | L | 29.595 98 | 0.868 | 1 | 2.12 | 0.628 0 |
| 74 | *D* | *A* | 2 | R | 209.594 67 | −0.265 | 1 | 2.12 | 0.628 0 |
| 75 | *D* | *B* | 2 | L | 106.470 99 | −0.177 | 1 | 2.04 | 0.656 0 |
| 76 | *D* | *B* | 2 | R | 286.465 61 | −0.611 | 1 | 2.04 | 0.656 0 |

续表

| 序号 | 测站 | 目标 | 测回 | 竖盘 | 方向值/dms | 残差/s | 先验精度/s | 中误差/s | 冗余度 |
|---|---|---|---|---|---|---|---|---|---|
| 77 | *D* | *C* | 2 | L | 114.261 93 | −0.705 | 1 | 2.04 | 0.655 6 |
| 78 | *D* | *C* | 2 | R | 294.260 35 | 0.861 | 1 | 2.04 | 0.655 6 |
| 79 | *D* | *A* | 3 | L | 59.595 86 | 1.035 | 1 | 2.12 | 0.628 0 |
| 80 | *D* | *A* | 3 | R | 239.594 68 | −0.532 | 1 | 2.12 | 0.628 0 |
| 81 | *D* | *B* | 3 | L | 136.470 84 | 0.289 | 1 | 2.04 | 0.656 0 |
| 82 | *D* | *B* | 3 | R | 316.465 58 | −0.477 | 1 | 2.04 | 0.656 0 |
| 83 | *D* | *C* | 3 | L | 144.261 89 | −1.339 | 1 | 2.04 | 0.655 6 |
| 84 | *D* | *C* | 3 | R | 324.260 32 | 0.995 | 1 | 2.04 | 0.655 6 |
| 85 | *D* | *A* | 4 | L | 90.000 04 | 0.568 | 1 | 2.12 | 0.628 0 |
| 86 | *D* | *A* | 4 | R | 269.594 78 | −0.299 | 1 | 2.12 | 0.628 0 |
| 87 | *D* | *B* | 4 | L | 166.470 93 | 0.723 | 1 | 2.04 | 0.656 0 |
| 88 | *D* | *B* | 4 | R | 346.465 72 | −0.644 | 1 | 2.04 | 0.656 0 |
| 89 | *D* | *C* | 4 | L | 174.262 02 | −1.305 | 1 | 2.04 | 0.655 6 |
| 90 | *D* | *C* | 4 | R | 354.260 45 | 0.928 | 1 | 2.04 | 0.655 6 |

**表附-7 距离观测值残差**

| 序号 | 测站 | 目标 | 测回 | 竖盘 | 边长/m | 残差/m | 先验精度/mm | 中误差/mm | 相对误差 1/*T* | 冗余度 |
|---|---|---|---|---|---|---|---|---|---|---|
| 1 | *C* | *D* | 1 | L | 795.985 46 | 0.001 43 | 1.8 | 0.85 | 932 552 578.00 | 0.981 4 |
| 2 | *C* | *D* | 1 | R | 795.985 56 | 0.001 33 | 1.8 | 0.85 | 932 552 695.00 | 0.981 4 |
| 3 | *C* | *A* | 1 | L | 791.809 70 | 0.001 99 | 1.79 | 0.85 | 931 258 380.00 | 0.981 3 |
| 4 | *C* | *A* | 1 | R | 791.810 00 | 0.001 69 | 1.79 | 0.85 | 931 258 733.00 | 0.981 3 |
| 5 | *C* | *B* | 1 | L | 110.064 97 | 0.003 38 | 1.11 | 0.93 | 117 973 517.00 | 0.941 5 |
| 6 | *C* | *B* | 1 | R | 110.065 07 | 0.003 28 | 1.11 | 0.93 | 117 973 624.00 | 0.941 5 |
| 7 | *C* | *D* | 2 | L | 795.985 36 | 0.001 53 | 1.8 | 0.85 | 932 552 461.00 | 0.981 4 |
| 8 | *C* | *D* | 2 | R | 795.985 56 | 0.001 33 | 1.8 | 0.85 | 932 552 695.00 | 0.981 4 |
| 9 | *C* | *A* | 2 | L | 791.810 00 | 0.001 69 | 1.79 | 0.85 | 931 258 733.00 | 0.981 3 |
| 10 | *C* | *A* | 2 | R | 791.810 10 | 0.001 59 | 1.79 | 0.85 | 931 258 850.00 | 0.981 3 |
| 11 | *C* | *B* | 2 | L | 110.064 97 | 0.003 38 | 1.11 | 0.93 | 117 973 517.00 | 0.941 5 |
| 12 | *C* | *B* | 2 | R | 110.065 07 | 0.003 28 | 1.11 | 0.93 | 117 973 624.00 | 0.941 5 |
| 13 | *C* | *D* | 3 | L | 795.985 56 | 0.001 33 | 1.8 | 0.85 | 932 552 695.00 | 0.981 4 |
| 14 | *C* | *D* | 3 | R | 795.985 56 | 0.001 33 | 1.8 | 0.85 | 932 552 695.00 | 0.981 4 |
| 15 | *C* | *A* | 3 | L | 791.810 00 | 0.001 69 | 1.79 | 0.85 | 931 258 733.00 | 0.981 3 |
| 16 | *C* | *A* | 3 | R | 791.810 00 | 0.001 69 | 1.79 | 0.85 | 931 258 733.00 | 0.981 3 |
| 17 | *C* | *B* | 3 | L | 110.065 07 | 0.003 28 | 1.11 | 0.93 | 117 973 624.00 | 0.941 5 |
| 18 | *C* | *B* | 3 | R | 110.065 07 | 0.003 28 | 1.11 | 0.93 | 117 973 624.00 | 0.941 5 |
| 19 | *C* | *D* | 4 | L | 795.985 36 | 0.001 53 | 1.8 | 0.85 | 932 552 461.00 | 0.981 4 |
| 20 | *C* | *D* | 4 | R | 795.985 26 | 0.001 63 | 1.8 | 0.85 | 932 552 344.00 | 0.981 4 |
| 21 | *C* | *A* | 4 | L | 791.809 80 | 0.001 89 | 1.79 | 0.85 | 931 258 498.00 | 0.981 3 |
| 22 | *C* | *A* | 4 | R | 791.809 80 | 0.001 89 | 1.79 | 0.85 | 931 258 498.00 | 0.981 3 |
| 23 | *C* | *B* | 4 | L | 110.064 97 | 0.003 38 | 1.11 | 0.93 | 117 973 517.00 | 0.941 5 |
| 24 | *C* | *B* | 4 | R | 110.064 87 | 0.003 48 | 1.11 | 0.93 | 117 973 409.00 | 0.941 5 |

续表

| 序号 | 测站 | 目标 | 测回 | 竖盘 | 边长/m | 残差/m | 先验精度/mm | 中误差/mm | 相对误差 $1/T$ | 冗余度 |
|---|---|---|---|---|---|---|---|---|---|---|
| 25 | *A* | *B* | 1 | L | 764.789 91 | −0.000 77 | 1.76 | 0.85 | 895 892 762.00 | 0.980 5 |
| 26 | *A* | *B* | 1 | R | 764.790 01 | −0.000 87 | 1.76 | 0.85 | 895 892 879.00 | 0.980 5 |
| 27 | *A* | *C* | 1 | L | 791.830 27 | −0.001 06 | 1.79 | 0.85 | 931 254 866.00 | 0.981 3 |
| 28 | *A* | *C* | 1 | R | 791.830 37 | −0.001 16 | 1.79 | 0.85 | 931 254 984.00 | 0.981 3 |
| 29 | *A* | *D* | 1 | L | 83.611 61 | 0.000 16 | 1.08 | 0.91 | 91 491 723.00 | 0.940 7 |
| 30 | *A* | *D* | 1 | R | 83.611 81 | −0.000 04 | 1.08 | 0.91 | 91 491 942.00 | 0.940 7 |
| 31 | *A* | *B* | 2 | L | 764.790 01 | −0.000 87 | 1.76 | 0.85 | 895 892 879.00 | 0.980 5 |
| 32 | *A* | *B* | 2 | R | 764.790 31 | −0.001 17 | 1.76 | 0.85 | 895 893 230.00 | 0.980 5 |
| 33 | *A* | *C* | 2 | L | 791.830 17 | −0.000 96 | 1.79 | 0.85 | 931 254 748.00 | 0.981 3 |
| 34 | *A* | *C* | 2 | R | 791.830 17 | −0.000 96 | 1.79 | 0.85 | 931 254 748.00 | 0.981 3 |
| 35 | *A* | *D* | 2 | L | 83.611 61 | 0.000 16 | 1.08 | 0.91 | 91 491 723.00 | 0.940 7 |
| 36 | *A* | *D* | 2 | R | 83.611 71 | 0.000 06 | 1.08 | 0.91 | 91 491 832.00 | 0.940 7 |
| 37 | *A* | *B* | 3 | L | 764.789 61 | −0.000 47 | 1.76 | 0.85 | 895 892 410.00 | 0.980 5 |
| 38 | *A* | *B* | 3 | R | 764.791 33 | −0.002 19 | 1.76 | 0.85 | 895 894 425.00 | 0.980 5 |
| 39 | *A* | *C* | 3 | L | 791.831 43 | −0.002 22 | 1.79 | 0.85 | 931 256 230.00 | 0.981 3 |
| 40 | *A* | *C* | 3 | R | 791.831 53 | −0.002 32 | 1.79 | 0.85 | 931 256 348.00 | 0.981 3 |
| 41 | *A* | *D* | 3 | L | 83.611 57 | 0.000 20 | 1.08 | 0.91 | 91 491 679.00 | 0.940 7 |
| 42 | *A* | *D* | 3 | R | 83.611 87 | −0.000 10 | 1.08 | 0.91 | 91 492 007.00 | 0.940 7 |
| 43 | *A* | *B* | 4 | L | 764.791 13 | −0.001 99 | 1.76 | 0.85 | 895 894 191.00 | 0.980 5 |
| 44 | *A* | *B* | 4 | R | 764.791 83 | −0.002 69 | 1.76 | 0.85 | 895 895 011.00 | 0.980 5 |
| 45 | *A* | *C* | 4 | L | 791.831 33 | −0.002 12 | 1.79 | 0.85 | 931 256 113.00 | 0.981 3 |
| 46 | *A* | *C* | 4 | R | 791.831 33 | −0.002 12 | 1.79 | 0.85 | 931 256 113.00 | 0.981 3 |
| 47 | *A* | *D* | 4 | L | 83.611 77 | 0.000 00 | 1.08 | 0.91 | 91 491 898.00 | 0.940 7 |
| 48 | *A* | *D* | 4 | R | 83.611 67 | 0.000 10 | 1.08 | 0.91 | 91 491 788.00 | 0.940 7 |
| 49 | *B* | *C* | 1 | L | 110.142 66 | −0.003 36 | 1.11 | 0.93 | 118 056 731.00 | 0.941 5 |
| 50 | *B* | *C* | 1 | R | 110.142 76 | −0.003 46 | 1.11 | 0.93 | 118 056 838.00 | 0.941 5 |
| 51 | *B* | *D* | 1 | L | 779.726 64 | 0.000 45 | 1.78 | 0.85 | 919 777 427.00 | 0.981 2 |
| 52 | *B* | *D* | 1 | R | 779.726 64 | 0.000 45 | 1.78 | 0.85 | 919 777 427.00 | 0.981 2 |
| 53 | *B* | *A* | 1 | L | 764.781 88 | 0.000 34 | 1.76 | 0.85 | 895 869 229.00 | 0.980 5 |
| 54 | *B* | *A* | 1 | R | 764.781 88 | 0.000 34 | 1.76 | 0.85 | 895 869 229.00 | 0.980 5 |
| 55 | *B* | *C* | 2 | L | 110.142 66 | −0.003 36 | 1.11 | 0.93 | 118 056 731.00 | 0.941 5 |
| 56 | *B* | *C* | 2 | R | 110.142 86 | −0.003 56 | 1.11 | 0.93 | 118 056 945.00 | 0.941 5 |
| 57 | *B* | *D* | 2 | L | 779.726 54 | 0.000 55 | 1.78 | 0.85 | 919 777 309.00 | 0.981 2 |
| 58 | *B* | *D* | 2 | R | 779.726 74 | 0.000 35 | 1.78 | 0.85 | 919 777 545.00 | 0.981 2 |
| 59 | *B* | *A* | 2 | L | 764.781 88 | 0.000 34 | 1.76 | 0.85 | 895 869 229.00 | 0.980 5 |
| 60 | *B* | *A* | 2 | R | 764.781 98 | 0.000 24 | 1.76 | 0.85 | 895 869 346.00 | 0.980 5 |
| 61 | *B* | *C* | 3 | L | 110.142 66 | −0.003 36 | 1.11 | 0.93 | 118 056 731.00 | 0.941 5 |
| 62 | *B* | *C* | 3 | R | 110.142 86 | −0.003 56 | 1.11 | 0.93 | 118 056 945.00 | 0.941 5 |
| 63 | *B* | *D* | 3 | L | 779.726 74 | 0.000 35 | 1.78 | 0.85 | 919 777 545.00 | 0.981 2 |
| 64 | *B* | *D* | 3 | R | 779.726 74 | 0.000 35 | 1.78 | 0.85 | 919 777 545.00 | 0.981 2 |
| 65 | *B* | *A* | 3 | L | 764.781 98 | 0.000 24 | 1.76 | 0.85 | 895 869 346.00 | 0.980 5 |
| 66 | *B* | *A* | 3 | R | 764.781 98 | 0.000 24 | 1.76 | 0.85 | 895 869 346.00 | 0.980 5 |
| 67 | *B* | *C* | 4 | L | 110.142 56 | −0.003 26 | 1.11 | 0.93 | 118 056 624.00 | 0.941 5 |

续表

| 序号 | 测站 | 目标 | 测回 | 竖盘 | 边长/m | 残差/m | 先验精度/mm | 中误差/mm | 相对误差 1/*T* | 冗余度 |
|---|---|---|---|---|---|---|---|---|---|---|
| 68 | *B* | *C* | 4 | R | 110.142 86 | −0.003 56 | 1.11 | 0.93 | 118 056 945.00 | 0.941 5 |
| 69 | *B* | *D* | 4 | L | 779.726 74 | 0.000 35 | 1.78 | 0.85 | 919 777 545.00 | 0.981 2 |
| 70 | *B* | *D* | 4 | R | 779.726 54 | 0.000 55 | 1.78 | 0.85 | 919 777 309.00 | 0.981 2 |
| 71 | *B* | *A* | 4 | L | 764.781 98 | 0.000 24 | 1.76 | 0.85 | 895 869 346.00 | 0.980 5 |
| 72 | *B* | *A* | 4 | R | 764.782 08 | 0.000 14 | 1.76 | 0.85 | 895 869 463.00 | 0.980 5 |
| 73 | *D* | *A* | 1 | L | 83.634 17 | −0.000 11 | 1.08 | 0.91 | 91 516 450.00 | 0.940 7 |
| 74 | *D* | *A* | 1 | R | 83.634 37 | −0.000 31 | 1.08 | 0.91 | 91 516 669.00 | 0.940 7 |
| 75 | *D* | *B* | 1 | L | 779.737 11 | −0.000 65 | 1.78 | 0.85 | 919 796 517.00 | 0.981 2 |
| 76 | *D* | *B* | 1 | R | 779.736 91 | −0.000 45 | 1.78 | 0.85 | 919 796 281.00 | 0.981 2 |
| 77 | *D* | *C* | 1 | L | 796.008 11 | −0.000 71 | 1.8 | 0.85 | 932 543 515.00 | 0.981 4 |
| 78 | *D* | *C* | 1 | R | 796.008 31 | −0.000 91 | 1.8 | 0.85 | 932 543 749.00 | 0.981 4 |
| 79 | *D* | *A* | 2 | L | 83.634 17 | −0.000 11 | 1.08 | 0.91 | 91 516 450.00 | 0.940 7 |
| 80 | *D* | *A* | 2 | R | 83.634 27 | −0.000 21 | 1.08 | 0.91 | 91 516 559.00 | 0.940 7 |
| 81 | *D* | *B* | 2 | L | 779.736 81 | −0.000 35 | 1.78 | 0.85 | 919 796 163.00 | 0.981 2 |
| 82 | *D* | *B* | 2 | R | 779.736 81 | −0.000 35 | 1.78 | 0.85 | 919 796 163.00 | 0.981 2 |
| 83 | *D* | *C* | 2 | L | 796.007 71 | −0.000 31 | 1.8 | 0.85 | 932 543 046.00 | 0.981 4 |
| 84 | *D* | *C* | 2 | R | 796.007 71 | −0.000 31 | 1.8 | 0.85 | 932 543 046.00 | 0.981 4 |
| 85 | *D* | *A* | 3 | L | 83.634 07 | −0.000 01 | 1.08 | 0.91 | 91 516 340.00 | 0.940 7 |
| 86 | *D* | *A* | 3 | R | 83.634 37 | −0.000 31 | 1.08 | 0.91 | 91 516 669.00 | 0.940 7 |
| 87 | *D* | *B* | 3 | L | 779.736 61 | −0.000 15 | 1.78 | 0.85 | 919 795 927.00 | 0.981 2 |
| 88 | *D* | *B* | 3 | R | 779.736 71 | −0.000 25 | 1.78 | 0.85 | 919 796 045.00 | 0.981 2 |
| 89 | *D* | *C* | 3 | L | 796.008 11 | −0.000 71 | 1.8 | 0.85 | 932 543 515.00 | 0.981 4 |
| 90 | *D* | *C* | 3 | R | 796.008 11 | −0.000 71 | 1.8 | 0.85 | 932 543 515.00 | 0.981 4 |
| 91 | *D* | *A* | 4 | L | 83.634 07 | −0.000 01 | 1.08 | 0.91 | 91 516 340.00 | 0.940 7 |
| 92 | *D* | *A* | 4 | R | 83.634 27 | −0.000 21 | 1.08 | 0.91 | 91 516 559.00 | 0.940 7 |
| 93 | *D* | *B* | 4 | L | 779.736 51 | −0.000 05 | 1.78 | 0.85 | 919 795 809.00 | 0.981 2 |
| 94 | *D* | *B* | 4 | R | 779.736 81 | −0.000 35 | 1.78 | 0.85 | 919 796 163.00 | 0.981 2 |
| 95 | *D* | *C* | 4 | L | 796.007 61 | −0.000 21 | 1.8 | 0.85 | 932 542 929.00 | 0.981 4 |
| 96 | *D* | *C* | 4 | R | 796.008 21 | −0.000 81 | 1.8 | 0.85 | 932 543 632.00 | 0.981 4 |

**表附-8　垂直角观测值残差**

| 序号 | 测站 | 目标 | 测回 | 竖盘 | 高度角/dms | 残差/s | 先验精度/s | 中误差/s | *r* |
|---|---|---|---|---|---|---|---|---|---|
| 1 | *C* | *D* | 1 | L | 85.502 81 | −2.97 | 1 | 0.97 | 0.921 9 |
| 2 | *C* | *D* | 1 | R | 274.092 82 | 0.73 | 1 | 0.97 | 0.921 9 |
| 3 | *C* | *A* | 1 | L | 86.191 20 | −2.86 | 1 | 0.97 | 0.921 7 |
| 4 | *C* | *A* | 1 | R | 273.404 29 | 2.24 | 1 | 0.97 | 0.921 7 |
| 5 | *C* | *B* | 1 | L | 74.213 02 | −1.60 | 1 | 1.22 | 0.876 2 |
| 6 | *C* | *B* | 1 | R | 285.382 64 | 1.80 | 1 | 1.22 | 0.876 2 |
| 7 | *C* | *D* | 2 | L | 85.502 79 | −3.17 | 1 | 0.97 | 0.921 9 |
| 8 | *C* | *D* | 2 | R | 274.092 67 | 2.23 | 1 | 0.97 | 0.921 9 |
| 9 | *C* | *A* | 2 | L | 86.191 12 | −3.66 | 1 | 0.97 | 0.921 7 |

续表

| 序号 | 测站 | 目标 | 测回 | 竖盘 | 高度角/dms | 残差/s | 先验精度/s | 中误差/s | $r$ |
|---|---|---|---|---|---|---|---|---|---|
| 10 | $C$ | $A$ | 2 | R | 273.404 24 | 2.74 | 1 | 0.97 | 0.921 7 |
| 11 | $C$ | $B$ | 2 | L | 74.213 18 | 0.00 | 1 | 1.22 | 0.876 2 |
| 12 | $C$ | $B$ | 2 | R | 285.382 85 | −0.30 | 1 | 1.22 | 0.876 2 |
| 13 | $C$ | $D$ | 3 | L | 85.502 90 | −2.07 | 1 | 0.97 | 0.921 9 |
| 14 | $C$ | $D$ | 3 | R | 274.092 82 | 0.73 | 1 | 0.97 | 0.921 9 |
| 15 | $C$ | $A$ | 3 | L | 86.191 39 | −0.96 | 1 | 0.97 | 0.921 7 |
| 16 | $C$ | $A$ | 3 | R | 273.404 06 | 4.54 | 1 | 0.97 | 0.921 7 |
| 17 | $C$ | $B$ | 3 | L | 74.213 23 | 0.50 | 1 | 1.22 | 0.876 2 |
| 18 | $C$ | $B$ | 3 | R | 285.382 80 | 0.20 | 1 | 1.22 | 0.876 2 |
| 19 | $C$ | $D$ | 4 | L | 85.503 06 | −0.47 | 1 | 0.97 | 0.921 9 |
| 20 | $C$ | $D$ | 4 | R | 274.092 61 | 2.83 | 1 | 0.97 | 0.921 9 |
| 21 | $C$ | $A$ | 4 | L | 86.191 29 | −1.96 | 1 | 0.97 | 0.921 7 |
| 22 | $C$ | $A$ | 4 | R | 273.404 30 | 2.14 | 1 | 0.97 | 0.921 7 |
| 23 | $C$ | $B$ | 4 | L | 74.213 08 | −1.00 | 1 | 1.22 | 0.876 2 |
| 24 | $C$ | $B$ | 4 | R | 285.382 78 | 0.40 | 1 | 1.22 | 0.876 2 |
| 25 | $A$ | $B$ | 1 | L | 91.355 95 | −3.77 | 1 | 0.98 | 0.920 6 |
| 26 | $A$ | $B$ | 1 | R | 268.235 33 | 3.43 | 1 | 0.98 | 0.920 6 |
| 27 | $A$ | $C$ | 1 | L | 93.421 91 | −4.20 | 1 | 0.97 | 0.921 7 |
| 28 | $A$ | $C$ | 1 | R | 266.173 33 | 3.40 | 1 | 0.97 | 0.921 7 |
| 29 | $A$ | $D$ | 1 | L | 85.213 74 | −1.32 | 1 | 1.23 | 0.875 7 |
| 30 | $A$ | $D$ | 1 | R | 274.381 75 | 3.78 | 1 | 1.23 | 0.875 7 |
| 31 | $A$ | $B$ | 2 | L | 91.355 83 | −4.97 | 1 | 0.98 | 0.920 6 |
| 32 | $A$ | $B$ | 2 | R | 268.235 15 | 5.23 | 1 | 0.98 | 0.920 6 |
| 33 | $A$ | $C$ | 2 | L | 93.421 83 | −5.00 | 1 | 0.97 | 0.921 7 |
| 34 | $A$ | $C$ | 2 | R | 266.173 21 | 4.60 | 1 | 0.97 | 0.921 7 |
| 35 | $A$ | $D$ | 2 | L | 85.213 46 | −4.12 | 1 | 1.23 | 0.875 7 |
| 36 | $A$ | $D$ | 2 | R | 274.381 61 | 5.18 | 1 | 1.23 | 0.875 7 |
| 37 | $A$ | $B$ | 3 | L | 91.355 84 | −4.87 | 1 | 0.98 | 0.920 6 |
| 38 | $A$ | $B$ | 3 | R | 268.235 47 | 2.03 | 1 | 0.98 | 0.920 6 |
| 39 | $A$ | $C$ | 3 | L | 93.421 86 | −4.70 | 1 | 0.97 | 0.921 7 |
| 40 | $A$ | $C$ | 3 | R | 266.173 27 | 4.00 | 1 | 0.97 | 0.921 7 |
| 41 | $A$ | $D$ | 3 | L | 85.213 30 | −5.72 | 1 | 1.23 | 0.875 7 |
| 42 | $A$ | $D$ | 3 | R | 274.381 78 | 3.48 | 1 | 1.23 | 0.875 7 |
| 43 | $A$ | $B$ | 4 | L | 91.360 08 | −2.47 | 1 | 0.98 | 0.920 6 |
| 44 | $A$ | $B$ | 4 | R | 268.235 35 | 3.23 | 1 | 0.98 | 0.920 6 |
| 45 | $A$ | $C$ | 4 | L | 93.421 86 | −4.70 | 1 | 0.97 | 0.921 7 |
| 46 | $A$ | $C$ | 4 | R | 266.173 23 | 4.40 | 1 | 0.97 | 0.921 7 |
| 47 | $A$ | $D$ | 4 | L | 85.213 56 | −3.12 | 1 | 1.23 | 0.875 7 |

续表

| 序号 | 测站 | 目标 | 测回 | 竖盘 | 高度角/dms | 残差/s | 先验精度/s | 中误差/s | $r$ |
|---|---|---|---|---|---|---|---|---|---|
| 48 | $A$ | $D$ | 4 | R | 274.381 91 | 2.18 | 1 | 1.23 | 0.875 7 |
| 49 | $B$ | $C$ | 1 | L | 105.465 84 | −3.30 | 1 | 1.22 | 0.876 2 |
| 50 | $B$ | $C$ | 1 | R | 254.125 62 | 2.10 | 1 | 1.22 | 0.876 2 |
| 51 | $B$ | $D$ | 1 | L | 87.565 27 | −5.18 | 1 | 0.98 | 0.921 2 |
| 52 | $B$ | $D$ | 1 | R | 272.025 56 | 6.52 | 1 | 0.98 | 0.921 2 |
| 53 | $B$ | $A$ | 1 | L | 88.253 16 | −4.54 | 1 | 0.98 | 0.920 6 |
| 54 | $B$ | $A$ | 1 | R | 271.341 74 | 6.46 | 1 | 0.98 | 0.920 6 |
| 55 | $B$ | $C$ | 2 | L | 105.465 85 | −3.20 | 1 | 1.22 | 0.876 2 |
| 56 | $B$ | $C$ | 2 | R | 254.125 44 | 3.90 | 1 | 1.22 | 0.876 2 |
| 57 | $B$ | $D$ | 2 | L | 87.565 19 | −5.98 | 1 | 0.98 | 0.921 2 |
| 58 | $B$ | $D$ | 2 | R | 272.025 74 | 4.72 | 1 | 0.98 | 0.921 2 |
| 59 | $B$ | $A$ | 2 | L | 88.253 07 | −5.44 | 1 | 0.98 | 0.920 6 |
| 60 | $B$ | $A$ | 2 | R | 271.341 82 | 5.66 | 1 | 0.98 | 0.920 6 |
| 61 | $B$ | $C$ | 3 | L | 105.465 68 | −4.90 | 1 | 1.22 | 0.876 2 |
| 62 | $B$ | $C$ | 3 | R | 254.125 34 | 4.90 | 1 | 1.22 | 0.876 2 |
| 63 | $B$ | $D$ | 3 | L | 87.565 19 | −5.98 | 1 | 0.98 | 0.921 2 |
| 64 | $B$ | $D$ | 3 | R | 272.025 75 | 4.62 | 1 | 0.98 | 0.921 2 |
| 65 | $B$ | $A$ | 3 | L | 88.253 02 | −5.94 | 1 | 0.98 | 0.920 6 |
| 66 | $B$ | $A$ | 3 | R | 271.341 87 | 5.16 | 1 | 0.98 | 0.920 6 |
| 67 | $B$ | $C$ | 4 | L | 105.465 71 | −4.60 | 1 | 1.22 | 0.876 2 |
| 68 | $B$ | $C$ | 4 | R | 254.125 32 | 5.10 | 1 | 1.22 | 0.876 2 |
| 69 | $B$ | $D$ | 4 | L | 87.565 20 | −5.88 | 1 | 0.98 | 0.921 2 |
| 70 | $B$ | $D$ | 4 | R | 272.025 74 | 4.72 | 1 | 0.98 | 0.921 2 |
| 71 | $B$ | $A$ | 4 | L | 88.253 12 | −4.94 | 1 | 0.98 | 0.920 6 |
| 72 | $B$ | $A$ | 4 | R | 271.341 81 | 5.76 | 1 | 0.98 | 0.920 6 |
| 73 | $D$ | $A$ | 1 | L | 94.500 19 | −2.20 | 1 | 1.23 | 0.875 7 |
| 74 | $D$ | $A$ | 1 | R | 265.095 35 | 2.40 | 1 | 1.23 | 0.875 7 |
| 75 | $D$ | $B$ | 1 | L | 92.043 77 | −3.56 | 1 | 0.98 | 0.921 2 |
| 76 | $D$ | $B$ | 1 | R | 267.551 44 | 4.34 | 1 | 0.98 | 0.921 2 |
| 77 | $D$ | $C$ | 1 | L | 94.110 34 | −3.66 | 1 | 0.97 | 0.921 9 |
| 78 | $D$ | $C$ | 1 | R | 265.484 82 | 4.74 | 1 | 0.97 | 0.921 9 |
| 79 | $D$ | $A$ | 2 | L | 94.500 23 | −1.80 | 1 | 1.23 | 0.875 7 |
| 80 | $D$ | $A$ | 2 | R | 265.095 32 | 2.70 | 1 | 1.23 | 0.875 7 |
| 81 | $D$ | $B$ | 2 | L | 92.043 78 | −3.46 | 1 | 0.98 | 0.921 2 |
| 82 | $D$ | $B$ | 2 | R | 267.551 47 | 4.04 | 1 | 0.98 | 0.921 2 |
| 83 | $D$ | $C$ | 2 | L | 94.110 35 | −3.56 | 1 | 0.97 | 0.921 9 |
| 84 | $D$ | $C$ | 2 | R | 265.485 03 | 2.64 | 1 | 0.97 | 0.921 9 |
| 85 | $D$ | $A$ | 3 | L | 94.500 16 | −2.50 | 1 | 1.23 | 0.875 7 |

续表

| 序号 | 测站 | 目标 | 测回 | 竖盘 | 高度角/dms | 残差/s | 先验精度/s | 中误差/s | $r$ |
|---|---|---|---|---|---|---|---|---|---|
| 86 | $D$ | $A$ | 3 | R | 265.095 43 | 1.60 | 1 | 1.23 | 0.875 7 |
| 87 | $D$ | $B$ | 3 | L | 92.043 78 | −3.46 | 1 | 0.98 | 0.921 2 |
| 88 | $D$ | $B$ | 3 | R | 267.551 46 | 4.14 | 1 | 0.98 | 0.921 2 |
| 89 | $D$ | $C$ | 3 | L | 94.110 40 | −3.06 | 1 | 0.97 | 0.921 9 |
| 90 | $D$ | $C$ | 3 | R | 265.484 86 | 4.34 | 1 | 0.97 | 0.921 9 |
| 91 | $D$ | $A$ | 4 | L | 94.500 16 | −2.50 | 1 | 1.23 | 0.875 7 |
| 92 | $D$ | $A$ | 4 | R | 265.095 40 | 1.90 | 1 | 1.23 | 0.875 7 |
| 93 | $D$ | $B$ | 4 | L | 92.043 82 | −3.06 | 1 | 0.98 | 0.921 2 |
| 94 | $D$ | $B$ | 4 | R | 267.551 53 | 3.44 | 1 | 0.98 | 0.921 2 |
| 95 | $D$ | $C$ | 4 | L | 94.110 25 | −4.56 | 1 | 0.97 | 0.921 9 |
| 96 | $D$ | $C$ | 4 | R | 265.484 76 | 5.34 | 1 | 0.97 | 0.921 9 |